FÜSSEL / DIE MEISTERPRÜFUNG

DIE MEISTERPRÜFUNG

Allgemeiner theoretischer Teil

Leitfaden zur Vorbereitung auf die Meisterprüfung

von

Wilhelm Füssel

Technischer Verlag Herbert Cram, Berlin W 35

1951

Satz: Walter de Gruyter & Co., Berlin W 35
Druck: „Buchkunst", Berlin W 35

Vorwort

Die Einwirkungen der Kriegszeit und ihrer Folgen haben die im Handwerk bestehende Bildungslücke zwischen Gesellenprüfung und Meisterprüfung erheblich vergrößert und auch den Handwerksmeistern in ihren Betrieben weitergehende Aufgaben auferlegt, als dies bisher der Fall war. Handwerkliche Fertigkeit, Fleiß und Ausdauer allein genügen in unserer Zeit nicht, um die wirtschaftlichen Erfolgsmöglichkeiten eines Handwerksbetriebes voll auszunützen. Betriebswirtschaftliche Erkenntnisse, verbunden mit einem gewissen Maß an Grundwissen über Buchführung, gewerbliches Rechnungswesen, Sozialversicherungsrecht, Arbeitsrecht und Steuerwesen müssen die rein handwerkliche Ausbildung ergänzen, wenn der Handwerksmeister nicht darauf angewiesen sein will, als reiner Lohnarbeiter tätig zu sein. Bei der Bedeutung des Handwerks im Rahmen der Volkswirtschaft hat er nicht nur das Recht, sondern auch die Pflicht, sich nach dieser Seite hin zu vervollkommnen.

Bei der stetig fortschreitenden Entwicklung in der Neugestaltung und im Ausbau der Wirtschaft werden auf den einzelnen Sachgebieten sich stetige Änderungen und Neuerungen nötig machen, so daß alles im Fluß bleibt. Die Grundlagen werden aber fast immer die gleichen bleiben. Sie zu erfassen, sie als Anregung anzusehen und auf ihnen weiterzubauen, wird eine wichtige Aufgabe des Handwerkers sein, wenn er im Konkurrenzkampf bestehen und vorwärtskommen will.

Das vorliegende Buch soll ihm dabei eine Stütze und erste Hilfe sein.

Die Verhältnisse in West-Berlin wurden in einem besonderen Anhang berücksichtigt.

Bei der Abfassung des Buches hat mich meine langjährige Mitarbeiterin Frau Diplom-Berufsschuloberlehrerin Dietrich weitgehend unterstützt. Ihr gebührt hierfür besonderer Dank.

Der Verfasser.

Berichtigungen:

Betr. S. 90 Steuerklassen:

Seit 1. 1. 1950 gehören zu Steuerklasse II Unverheiratete, die das 60. Lebensjahr, Verwitwete, die das 50. Lebensjahr vollendet haben.

Betr. S. 103 Wechselsteuer:

Für je DM 600,— Wechselsumme sind 15 Pfg. Steuern zu entrichten. In unserem Falle müßte der Wechsel mit 45 Pfg. versteuert werden.

Betr. S. 72/73 sachliche Zuständigkeit der Gerichte:

Das Amtsgericht ist zuständig für Streitigkeiten aus vermögensrechtlichen Ansprüchen bis zu einem Streitwert von DM 1000,—.

Das Landgericht ist zuständig für vermögensrechtliche Streitfälle über DM 1000,—.

Der Magistrat von Berlin (West) führt jetzt nach der neuen Verfassung von Berlin die Bezeichnung „Senat".

Inhaltsverzeichnis

Anhang für West-Berlin

Handwerksrecht

(Dieses Kapitel gilt nicht für West-Berlin. Hierüber siehe Anhang.)

Durch die Aufteilung des westdeutschen Gebietes in drei verschiedene Besatzungszonen ist die Gestaltung des handwerklich-gewerblichen Rechts nicht einheitlich gewesen. Während in den Gebieten der britischen und französischen Zone an den bisherigen Gepflogenheiten sich wenig geändert hat, ist durch die Anordnung der Gewerbefreiheit im Bereich der amerikanischen Besatzungszone eine grundlegende Änderung eingetreten.

Grundsätzlich gelten für das Handwerksrecht zur Zeit folgende gesetzlichen Grundlagen:

1. Gewerbeordnung vom 21. 6. 1869 in der Fassung der Bekanntmachung vom 26. 7. 1900 unter Berücksichtigung aller seitherigen Änderungen,
2. Das Handwerkerschutzgesetz vom 26. 7. 1897,
3. Novelle zur Gewerbeordnung vom 30. 5. 1908,
4. Handwerksnovelle vom 11. 2. 1929,
5. 3. Verordnung über den vorläufigen Aufbau des deutschen Handwerks vom 18. 1. 1935,
6. Verordnung über den Aufbau des Handwerks vom 6. 12. 1946 (britische Zone),
7. Gewerbezulassungsgesetz vom 29. 12. 1948 für das Land Niedersachsen,
8. Anordnung über die Errichtung von Handwerkskammern vom 25. 10. 1945 (amerikanische Zone),
9. 1. Verordnung über den vorläufigen Aufbau des deutschen Handwerks vom 15. 6. 1934, soweit ihre Bestimmungen nicht im Gegensatz zu den Weisungen der Militärregierung und der Landesverfassung stehen (amerikanische Zone),
10. Rechtsanordnung zur Ordnung des Handwerks vom 5. 11. 1946 (französische Zone).

Die handwerkliche Organisation

A. Die Handwerkerinnung

Die Handwerkerinnung ist der lokale Zusammenschluß aller in der Handwerksrolle eingetragenen Handwerker des gleichen oder verwandten Handwerkszweiges. In der britischen und französischen Zone ist die Innung Körperschaft des öffentlichen Rechts. Sie ist die regionale und fachliche Basis der handwerklichen Organisation.

Mitgliedschaft:

Die Mitgliedschaft ist freiwillig. In der französischen Zone ist die Mitgliedschaft Pflicht. Neben selbständigen Handwerkern können in die Innung aufgenommen werden:

1. Handwerksmeister, die keinen Beruf mehr ausüben,
2. Lohn- und Hausgewerbetreibende,
3. Zwischenmeister,
4. in landwirtschaftlichen oder gewerblichen Betrieben gegen Entgelt beschäftigte Handwerker,
5. Berufs- und Fachschullehrer,
6. besonders um das Handwerk verdiente Personen als Ehrenmitglieder.

Rechte und Pflichten der Innungsmitglieder:

Die Innungsmitglieder haben gleiche Rechte und Pflichten. Sie haben das Recht, sich aller Innungseinrichtungen, soweit dies durch Satzung und Innungsbeschlüsse festgelegt ist, zu bedienen. Auf der anderen Seite haben sie die Pflicht, an der Erfüllung der Innungsaufgaben mitzuwirken sowie die Satzung und Innungsbeschlüsse zu beachten.
Vorladungen der Innung ist Folge zu leisten.

Mehrfache Mitgliedschaft:

Handwerker, die mehrere Berufe ausüben, gehören auch in die für diese Berufe errichteten Innungen. Beiträge sind nur an die Innung des Hauptberufes zu zahlen.

Organisation der Innung:

1. Die Innungsversammlung

Die Mitglieder der Innung bilden die Innungsversammlung. Bei Innungen mit großer Mitgliederzahl wählen die Mitglieder Vertreter, die dann die Innungsversammlung bilden.

Aufgaben der Innungsversammlung:

1. Satzungsänderungen,
2. Beschlußfassung über Erwerb, Veräußerung oder dingliche Belastung (Hypotheken) von Grundstücken, sowie über die Veräußerung von Gegenständen, die einen hohen kulturellen Wert haben, Aufnahme von Anleihen,
3. Genehmigung der Jahresrechnung,
4. Feststellung des Haushaltsplanes,
5. Genehmigung von Ausgaben, die nicht im Haushaltsplan stehen,
6. Wahl des Innungsvorstandes.

Stimmberechtigt in der Innungsversammlung ist jedes Mitglied, sofern es das 21. Lebensjahr vollendet hat.

2. Der Innungsvorstand

Die Innungsversammlung wählt den Innungsvorstand. Er besteht aus dem Obermeister, seinem Stellvertreter und Beisitzern.

Der Innungsvorstand hat die Innung gerichtlich und außergerichtlich zu vertreten. Er führt die Geschäfte der Innung und hat die Beschlüsse der Innungsversammlung durchzuführen.

Die Beisitzer sind je nach Satzung an der Verwaltung der Innungsämter beteiligt, z. B. Kassenwart, Lehrlingswart, Schriftführer usw.

Gesellenausschuß:

Zur Wahrnehmung der Interessen der Gesellen und Lehrlinge wird bei der Innung ein Gesellenausschuß gebildet, an dessen Spitze der Gesellenwart oder der Altgeselle steht.

In Angelegenheiten, die Lehrlinge und Gesellen angehen, haben Mitglieder des Gesellenausschusses Sitz und Stimme in der Innungsversammlung.

Wählbarkeit zu Innungsämtern:

Wählbar zum Obermeister, zum Mitglied des Innungsvorstandes oder eines Innungsausschusses ist nur, wer mindestens 24 Jahre alt ist, die Voraussetzungen zum selbständigen Betrieb eines Handwerks oder die Befugnis zur Anleitung von Lehrlingen besitzt und seit mindestens einem Jahr im Bezirk der Innung selbständig tätig ist.

In den Gesellenausschuß können Personen gewählt werden, die eine Gesellenprüfung abgelegt haben und mindestens 3 Monate im Betriebe eines der Innung angehörenden Handwerkers beschäftigt sind.

Nichtwählbar sind Personen, denen die bürgerlichen Ehrenrechte aberkannt wurden oder gegen die ein Hauptverfahren wegen eines Verbrechens oder Vergehens eröffnet ist, das die Aberkennung der bürgerlichen Ehrenrechte oder den Verlust der Fähigkeit zur Bekleidung öffentlicher Ämter zur Folge haben kann.

3. Ausschüsse der Innung

1. Der Gesellenprüfungsausschuß besteht aus einem Vorsitzenden und mindestens einem Meister und einem Gesellen als Beisitzer.
2. Der Ausschuß für Lehrlingsstreitigkeiten befaßt sich mit Streitigkeiten zwischen Lehrmeistern und Lehrlingen. Seine Stellungnahme muß erst eingeholt werden, ehe eine Klage vor dem Arbeitsgericht möglich ist.
3. Der Schlichtungsausschuß zur Beilegung von Streitigkeiten zwischen den selbständigen Handwerkern und ihren Auftraggebern (Gütestellen).
4. Der Ausschuß für Lehrlingsangelegenheiten setzt u. a. Lehrlingshöchstzahlen fest und prüft Betriebe hinsichtlich ihrer Eignung als Lehrbetriebe.
5. Die Beauftragten der Innung: Der Innungsvorstand kann Beauftragte bestellen, deren Aufgabe es ist, die ordnungsgemäße Führung der einzelnen Handwerksbetriebe zu überwachen.
6. Der Gesellenausschuß: Er besteht aus Gesellen, die in den Betrieben der Innungsmitglieder beschäftigt werden, und hat die Interessen der Lehrlinge und Gesellen wahrzunehmen.

Aufsichtsrecht über die Innung:

Das Aufsichtsrecht über die Innungen übt die Handwerkskammer aus.

Aufgaben der Innung:

Sie sind außerordentlich vielseitig. Zu ihnen gehören:

1. Die Betreuung und Beratung der Mitglieder auf ihren Fachgebieten und in arbeitsrechtlichen und wirtschaftlichen Fragen,
2. die Vertretung der beruflichen Interessen der Mitglieder, Wahrung der Standesehre und Pflege des Gemeingeistes,
3. die Erstattung von Gutachten,
4. die Förderung der handwerklichen Berufsausbildung und Unterstützung der Berufs- und Fachschulen,
5. die Regelung des Lehrlingswesens im Einvernehmen mit der Handwerkskammer,
6. die Schlichtung von Lehrlingsstreitigkeiten,
7. die Abnahme von Gesellenprüfungen,
8. die Erledigung von Aufgaben, die von anderen handwerklichen Organisationen, insbes. von behördlichen Stellen und der Handwerkskammer, übertragen werden,
9. der Abschluß von Tarifverträgen, sofern dies nicht anderen handwerklichen Organisationen vorbehalten ist.

Zusätzlich kann sich die Innung noch mit folgenden Aufgaben befassen:

1. Errichtung von Unterstützungskassen für ihre Mitglieder bei Krankheit, Tod oder Bedürftigkeit,

2. Errichtung von Gütestellen bei Streit zwischen Innungsmitgliedern und ihren Kunden,
3. Förderung des Genossenschaftswesens,
4. Förderung der Fachpresse,
5. Förderung von Einrichtungen zu gemeinschaftlicher Übernahme von Lieferungen und Leistungen ihrer Mitglieder,
6. Förderung von Maßnahmen zur Verbesserung der Wirtschaftlichkeit, der Arbeitsweise und der Betriebsführung in ihrem Handwerkszweig.

Innungssatzung:

Sie ist eine Zusammenstellung von Bestimmungen, die das Innungsleben regeln. Sie hat u. a. zu enthalten:

1. den Namen, Sitz und Bezirk der Innung sowie den oder die Handwerkszweige, für die sie errichtet ist,
2. die Aufgaben und die ihnen dienenden Einrichtungen,
3. die Zahl der Mitglieder des Innungsvorstandes und des Gesellenausschusses,
4. die Bestimmungen über den Obermeister, den Gesellenausschuß, die ehrenamtlichen Funktionäre, ihre Befugnisse, die Form ihrer Geschäftsführung, ihre Amtsdauer sowie die Voraussetzungen für ihre vorzeitige Abberufung,
5. die Rechte und Pflichten ihrer Mitglieder,
6. die Voraussetzungen für die Aufnahme, den Austritt und die Ausschließung der Mitglieder,
7. die Zusammensetzung der Innungsversammlung, das Stimmrecht in ihr, die Art der Beschlußfassung usw.,
8. die Form der Beurkundung der Beschlüsse der Innungsversammlung und der Anordnungen des Obermeisters,
9. die Aufstellung und Prüfung der Jahresrechnung,
10. die Voraussetzungen und Form einer Satzungsänderung,
11. die Form für die Bekanntmachungen der Innung,
12. die Voraussetzungen und die Form der Verhängung von Innungsstrafen und deren Höchstmaß,
13. die Zugehörigkeit zu einem oder mehreren Landesverbänden.

B. Die Kreishandwerkerschaft

(Auch Innungsausschuß, in der franz. Zone: Innungsverband.)

Die in einem bestimmten Bezirk oder Kreis zusammengeschlossenen Innungen bilden die Kreishandwerkerschaft oder den Innungsausschuß oder, wie in der französischen Zone, den Innungsverband. In der britischen und französischen Zone sind sie Körperschaften des öffentlichen Rechts. Die Kreishandwerkerschaften werden durch Erlaß der Satzung seitens der Handwerkskammer errichtet. Sie unterstehen der Aufsicht der Handwerkskammer.

Organisation:

Mitgliederversammlung: Die Vertreter der angeschlossenen Innungen, in der Regel die Obermeister, bilden die Mitgliederversammlung.

Kreishandwerksmeister und Vorstand: Der Vorsitzende ist der Kreishandwerksmeister. Er wird von den Vertretern der angeschlossenen Innungen gewählt.

Ihm steht ein Vorstand zur Seite, der ebenfalls von den Innungsvertretern gewählt wird.

Der Kreishandwerksmeister kann den Vorstandsmitgliedern bestimmte Aufgaben übertragen (Schriftführer, Kassierer usw.).

Aufgaben der Kreishandwerkerschaft:

1. Mitwirkung bei allen das Handwerk betreffenden Verwaltungsmaßnahmen örtlicher Behörden, sofern dies gesetzlich vorgesehen oder zugelassen ist,
2. Zusammenarbeit mit den für ihren Bezirk zuständigen entsprechenden Vertretungen anderer Berufsgruppen,
3. Gutachten und Auskünfte an Behörden und handwerkliche Körperschaften,
4. Erledigung der von der Handwerkskammer übertragenen Aufgaben,
5. Übernahme der Geschäftsführung von Innungen, soweit dies die Satzung vorschreibt,
6. Beratung der Handwerker ihres Bezirkes.

C. Der handwerkliche Landesverband

(Auch Landesinnungsverband, in der franz. Zone: Fachinnungsverband.)

Während die Innungen bei der Kreishandwerkerschaft ohne Rücksicht auf den von ihnen vertretenen Handwerkszweig zusammengeschlossen sind, stellt der handwerkliche Landesverband etwas ganz anderes dar. Hier steht das fachliche Moment im Vordergrund.

Der handwerkliche Landesverband ist der Zusammenschluß sämtlicher Innungen des gleichen oder verwandten Handwerkszweiges des Landes.

Organisation:

Landesinnungsversammlung: Sie wird von Vertretern der Mitgliedsinnungen gebildet, die diese auf ihren Innungsversammlungen gewählt haben.

Vorstand: Er besteht aus
dem Vorsitzenden,
seinem Stellvertreter und
Beisitzern.

Der Vorstand wird von der Landesinnungsversammlung aus ihrer Mitte gewählt.

Aufgaben des Landesverbandes:

1. Wahrung der Interessen des Handwerks,
2. Betreuung und Beratung der angeschlossenen Innungen und ihrer Mitglieder in allen fachlichen Angelegenheiten von grundsätzlicher Bedeutung.

D. Die Handwerkskammer

Gesetzliche Grundlagen: Handwerkergesetz von 1897, Gewerbeordnung und in der britischen Zone Vorschriften der Aufbauverordnung von 1946.

Die Handwerkskammer führt die Aufsicht über die Innungen und Kreishandwerkerschaften und hat die Interessen des Handwerks zu vertreten. Sie ist in der britischen und französischen Zone Körperschaft des öffentlichen Rechts. Sie setzt sich aus gewählten Vertretern des Handwerks zusammen. Als Sachverständige können ihr auch andere Personen angehören.

Der Finanzbedarf der Kammer wird durch Beiträge der Handwerksbetriebe aufgebracht.

In der amerikanischen Zone besteht die Handwerkskammer aus Handwerksmeistern, die von den Obermeistern gewählt werden. Die der Kammer angehörenden Handwerksmeister wählen den Präsidenten, Vizepräsidenten und Vorstand der Kammer.

In der britischen Zone besteht die Handwerkskammer ebenfalls aus gewählten Mitgliedern. Ein Drittel der Mitglieder besteht aus Gesellen. Die Wahl der selbständigen Handwerker erfolgt durch die in der Handwerksrolle eingetragenen Personen durch Listenwahl in gleicher und geheimer, direkter Wahl. Die Wahl der Gesellen erfolgt durch Wahlmänner. Auf jeden Betrieb eines selbständigen Handwerkers fällt ein Wahlmann.

Präsident und Vorstand werden von der Vollversammlung der Kammer gewählt. Dem Vorstand gehören auch anteilsmäßig Gesellen an.

In der französischen Zone setzt sich die Handwerkskammer aus den Vorsitzenden der Kreisinnungsverbände und 8 gewählten Vertretern der Fachinnungsverbände zusammen. Sie werden auf 3 Jahre gewählt. Der Handwerkskammer gehört ein Gesellenausschuß an, der in Gesellenangelegenheiten mitzuwirken hat.

Aufgaben der Handwerkskammer:

1. Wahrnehmung der Interessen des Handwerks bei den Staats- und Gemeindebehörden,
2. Erstattung von Gutachten und Vermittlung der Wünsche und Anträge des Handwerks in geeigneter Form an die Behörden,
3. Überwachung und Ausbau des handwerklichen Lehrlings- und Prüfungswesens,
4. Überwachung der Durchführung der von ihr erlassenen Vorschriften, Aufsicht über Innungen und Kreishandwerkerschaften,

5. Führung der Handwerksrolle,
6. Veranstaltung von Förderlehrgängen zur weiteren Ausbildung der Meister, Gesellen und Lehrlinge,
7. Förderung von Einrichtungen zur Hebung der wirtschaftlichen und technischen Leistungsfähigkeit des Handwerks (Gewerbeförderungsstellen, Genossenschaften),
8. Mitwirkung bei Schlichtung von Streitigkeiten zwischen Handwerkern und ihren Kunden,
9. Pflege der Handwerkswirtschaft, Beratung der Handwerker in wirtschaftlichen und geschäftlichen Fragen, Bestellung von Sachverständigen,
10. Abnahme der Meisterprüfungen.

E. Weitere Landes- und Zonenorganisationen des Handwerks

Jm Bereich der Bizone haben sich durch Zusammenschluß der Landesinnungsverbände und der Handwerkskammern weitere Organisationen im Landesmaßstab, Zonenmaßstab und Bizonenmaßstab gebildet. Nachstehende Übersicht gibt einen Überblick hierüber und zeigt, daß sich eine Neuorganisation im Bundesgebiet nötig macht.

Britische Zone

Hauptinnungsverbände

Die Landesinnungsverbände des gleichen Handwerkszweiges der einzelnen Länder haben sich in der britischen Zone zu Hauptinnungsverbänden zusammengeschlossen, z. B. die Landesinnungsverbände der Tischler zum Hauptinnungsverband der Tischler (zonaler Zusammenschluß).

Die Hauptinnungsverbände haben in der Arbeitsgemeinschaft der Fachverbände des Handwerks in der britischen Zone ihre Spitzenvertretung.

Handwerkskammertag

In der britischen Zone sind die Handwerkskammern zum Handwerkskammertag zusammengeschlossen (zonaler Zusammenschluß).

Amerikanische Zone

Arbeitsgemeinschaft der Landesinnungsverbände

In der amerikanischen Zone haben sich die Landesinnungsverbände ohne Rücksicht auf den von ihnen vertretenen Handwerkszweig im Land zu einer Arbeitsgemeinschaft zusammengeschlossen (Landesmaßstab).

Handwerkstag

Jn der amerikanischen Zone ist in den Ländern eine Spitzenvertretung des Handwerks gebildet worden. Sie führt die Bezeichnung Handwerkstag. Dem Handwerkstag gehören Vertreter der Landesinnungsverbände und der Handwerkskammern an.

Kammertag

In der amerikanischen Zone haben sich die Handwerkskammern des einzelnen Landes zu einem Kammertag zusammengeschlossen (Landesmaßstab).

Bizone

Zentralverbände

Im Bereich der britischen und amerikanischen Zone haben sich Arbeitsgemeinschaften der Landesinnungsverbände gebildet.

Bundesrepublik Deutschland

Zentralverband des Handwerks (Sitz Bonn) im vereinigten Wirtschaftsgebiet. Ihm gehören an:

1. die Vereinigung der Fachverbände,
2. die Vereinigung der Handwerkskammern.

F. Die Handwerksrolle, die Handwerkskarte, der große Befähigungsnachweis

Die Handwerksrolle ist ein Verzeichnis, das von der Handwerkskammer geführt wird. In dieses Verzeichnis sind alle selbständigen Handwerker des Kammerbezirks einzutragen. Über die Eintragung wird eine Handwerkskarte ausgestellt. Sie gilt als Ausweis den Behörden gegenüber.

Britische und französische Zone: Voraussetzungen für die Eintragung in die Handwerksrolle:

1. Nachweis der bestandenen Meisterprüfung
   oder
2. Nachweis der Befugnis zur Anleitung von Lehrlingen
   oder
3. Sondergenehmigung.

Die Befugnis zur Anleitung von Lehrlingen oder die Sondergenehmigung werden meist mit der Auflage erteilt, bis zu einem bestimmten Zeitpunkt die Meisterprüfung nachzuholen. Somit ist die Eintragung in die Handwerksrolle, und damit die Berechtigung zum selbständigen Betrieb eines Handwerks, von der Ablegung der Meisterprüfung abhängig. Es kann sich also im allgemeinen nur der im Handwerk selbständig machen, der die Meisterprüfung abgelegt hat. Diese Bestimmung bezeichnet man als großen Befähigungsnachweis.

(Der kleine Befähigungsnachweis vom Jahre 1908 gab nur denen das Recht, sich Meister in Verbindung mit der Bezeichnung ihres Handwerks zu nennen und Lehrlinge auszubilden, die die Meisterprüfung abgelegt hatten. Der selbständige Betrieb eines Handwerks war nicht von der Meisterprüfung abhängig.)

Amerikanische Zone:

Durch eine Anweisung der amerikanischen Militärregierung ist im Bereich der amerikanischen Zone die Gewerbefreiheit angeordnet worden. Von dieser Anordnung wurde auch das Handwerk betroffen.

Da die Anordnung sich nur darauf beschränkt, zu bestimmen, daß die Gewerbefreiheit einzuführen ist, und nähere gesetzliche Bestimmungen noch nicht ergangen sind, ist die Regelung in der amerikanischen Zone noch im Flusse. Vorläufig gilt folgendes:

a) in bezug auf die Gewerbefreiheit:

1. Grundsatz der freien Handwerksausübung,
2. Sachkundeprüfung in bestimmten Fällen statt Meisterprüfung,
3. wahlweise Meisterprüfung,
4. Bestimmungen über Anleitung von Lehrlingen gelten weiter.

1. Grundsatz der freien Handwerksausübung

Die Gewerbefreiheit gibt die selbständige Ausübung eines Handwerks grundsätzlich frei. Einzelne Handwerksberufe bedürfen nur in den Fällen einer staatlichen Zulassung, in denen die Gewerbefreiheit aus Gründen der Gesundheit, der öffentlichen Sicherheit oder im Interesse des Gemeinwohls eingeschränkt ist. Welche Berufe davon im einzelnen betroffen werden, kann mit Sicherheit noch nicht gesagt werden, da hierzu die gesetzlichen Bestimmungen noch fehlen. Inzwischen haben die einzelnen Länder als Übergangsregelung Erlasse herausgegeben, in denen teilweise bestimmte Berufe angeführt sind.

2. Sachkundeprüfung

Für die zulassungspflichtigen Handwerksberufe, und nur für diese, ist die selbständige Ausübung eines Handwerks abhängig von einer Sachkundeprüfung, die von einer staatlichen Behörde abzunehmen ist. Eine Mitwirkung der handwerklichen Organisation findet dabei nicht statt, wohl aber können Handwerksmeister für ihre Person als Beisitzer in die Prüfungskommissionen bestellt werden. Die Frage des Bedarfs wird für den einzelnen Betrieb nicht geprüft.

3. Meisterprüfung

Meisterprüfungen sind auch weiterhin zulässig. Sie sind aber freiwillig.

4. Lehrlingsanleitungsbefugnis

Die bisherigen Bestimmungen sind aufrecht erhalten. Die Meisterprüfung ist damit noch wie bisher vornehmlich Voraussetzung zur Befugnis, Lehrlinge auszubilden. Eine endgültige Entscheidung hierüber steht aber noch aus.

b) in bezug auf die Organisation:

Die handwerklichen Organisationen bleiben unverändert bestehen. Sie haben vorwiegend beratende Funktion.

Lehrlings-, Gesellen- und Meisterwesen

Die Gewerbeordnung enthält zahlreiche Vorschriften für das Lehrlings- und Gesellenwesen (§§ 121—132a).

Lehrlingswesen

Die Ausbildung von Lehrlingen steht unter besonderem gesetzlichen Schutz. Man unterscheidet zwischen den Begriffen „Lehrlinge halten" und „Lehrlinge anleiten".

Lehrlinge halten dürfen nur die Personen, die im Besitze der bürgerlichen Ehrenrechte sind und deren Betrieb sich für die Ausbildung von Lehrlingen eignet. Wenn sie nicht selbst die Befugnis zur Anleitung von Lehrlingen haben, müssen sie die Ausbildung der Lehrlinge einem Vertreter übertragen, der die Anleitungsbefugnis besitzt.

Lehrlinge anleiten dürfen nur Personen, die

1. im Besitz der bürgerlichen Ehrenrechte sind,
2. das 24. Lebensjahr vollendet haben,
3. die Meisterprüfung bestanden oder
4. die Anleitungsbefugnis verliehen erhalten haben.

Die Verleihung kann in besonderen Fällen auf Widerruf geschehen, sie kann auch mit der Erfüllung einer besonderen Auflage verbunden sein (Nachholung der Meisterprüfung bis zu einem bestimmten Zeitpunkt).

Eine Milderung obiger Bestimmungen tritt ein, wenn von einem Betrieb der Handwerksmeister stirbt. Dort kann dann die Anleitung auch von Personen erfolgen, die die Gesellenprüfung mit Erfolg abgelegt haben oder die während 5 Jahren praktisch das Handwerk persönlich ausgeübt oder während dieser Zeit als Werkmeister oder in ähnlichen Stellungen tätig gewesen sind.

Die Lehrlingsanleitungsbefugnis kann bei groben Verstößen gegen die Ausbildungspflicht entzogen werden.

Das Lehrverhältnis

ist ein Erziehungs- und Ausbildungsverhältnis aber kein Arbeitsverhältnis. Der Lehrling darf also nicht als Arbeiter angesehen werden.

Die Einstellung von Lehrlingen:

Der Handwerksmeister darf nur Lehrlinge einstellen, wenn die Höchstzahl der Lehrlinge, die für seinen Betrieb in Betracht kommt, nicht überschritten wird.

Es dürfen auch nur solche Lehrlinge eingestellt werden, die von der Berufsberatungsstelle des zuständigen Arbeitsamtes als für den Beruf geeignet befunden wurden.

Der Lehrvertrag:

Der Lehrherr hat mit dem Lehrling und seinem gesetzlichen Vertreter innerhalb 4 Wochen einen schriftlichen Lehrvertrag abzuschließen. Er hat sich dabei der üblichen Lehrvertrags-Vordrucke zu bedienen.

Der Lehrvertrag muß in 3- bis 4facher Ausfertigung abgeschlossen werden und der Handwerkskammer und zuständigen Innung zur Eintragung in die Lehrlingsrolle zugeleitet werden.

Bei einem Lehrverhältnis zwischen Eltern und Kindern ist ein Lehrvertrag nicht notwendig. Jedoch müssen das Bestehen des Lehrverhältnisses, die Dauer der Lehrzeit und die Angabe des Lehrberufes der Handwerkskammer oder der Innung schriftlich angezeigt werden.

Inhalt des Lehrvertrages:

Der Lehrvertrag hat u. a. zu enthalten:

1. Handwerkszweig, in dem die Ausbildung erfolgen soll,
2. Dauer der Lehrzeit,
3. gegenseitige Leistungen,
4. Rechte und Pflichten des Lehrlings und des Lehrherrn,
5. Auflösungsbedingungen,
6. Verbot der Nebenarbeit im Beruf des Lehrlings.

Probezeit:

Die Probezeit für den Lehrling beträgt im allgemeinen 4 Wochen, sie darf aber die Dauer von 3 Monaten nicht überschreiten.

Während der Probezeit kann der Lehrvertrag von beiden Seiten ohne Angabe von Gründen aufgelöst werden.

Dauer der Lehrzeit:

Die Lehrzeit dauert im allgemeinen 3 Jahre. Sie darf den Zeitraum von 4 Jahren nicht übersteigen.

In besonders gelagerten Fällen kann die Handwerkskammer die Dauer der Lehrzeit verkürzen.

Pflichten des Lehrherrn:

Der Lehrherr hat den Lehrling

1. in allen einschlägigen Arbeiten seines Handwerksbetriebes zu unterweisen,
2. zum Besuch der Berufs- und Fachschule anzuhalten und den Schulbesuch zu überwachen,
3. zu Aufmerksamkeit und guten Sitten zu erziehen,
4. gegen Mißhandlungen zu schützen,
5. nur solche Arbeiten verrichten zu lassen, die dieser körperlich leisten kann,
6. die ihm zu seiner Ausbildung und zum Besuch des Gottesdienstes an Sonn- und Feiertagen erforderliche freie Zeit zu gewähren,

7. zu häuslichen Dienstleistungen nicht heranzuziehen, wenn der Lehrling bei ihm nicht in Kost und Wohnung ist,
8. weder übermäßig zu züchtigen noch gesundheitsgefährdend zu behandeln.

Pflichten des Lehrlings:

1. Der Lehrling ist dem Lehrherrn zu Folgsamkeit und Treue, zu Fleiß und anständigem Betragen verpflichtet,
2. Der Lehrling ist zum Besuch der Berufsschule verpflichtet. Die Berufsschulpflicht dauert 3 Jahre. Sie endet mit der Vollendung des 18. Lebensjahres. Bei fachlich gegliederten Berufsschulen bleibt der Lehrling bis zur Beendigung der Lehrzeit berufsschulpflichtig,
3. Der Lehrling hat sich den vorgeschriebenen Zwischenprüfungen zu unterziehen,
4. Der Lehrling hat über seine Ausbildungsarbeiten ein Werkstattwochenbuch zu führen.

Vorzeitige Lösung des Lehrvertrages:

Eine vorzeitige Lösung des Lehrvertrages von der Seite des Lehrbetriebes ist möglich

1. beim Tode des Lehrherrn,
2. bei gesetz- und sittenwidrigen Handlungen des Lehrlings,
3. bei wiederholter Pflichtverletzung,
4. bei schlechtem und ausschweifendem Lebenswandel,
5. bei absichtlicher Täuschung des Lehrherrn durch falsche Zeugnisse,
6. bei abschreckender Krankheit oder Unfähigkeit zur Fortsetzung der Lehre,
7. bei steter Vernachlässigung des Schulbesuchs.

Die Entlassung ist nur innerhalb einer Woche nach Kenntnisnahme des Grundes zulässig.

Eine vorzeitige Lösung des Lehrvertrags seitens des Lehrlings ist möglich

1. bei Unfähigkeit zur Fortsetzung der Lehre,
2. bei gesetz- und sittenwidrigem Verhalten des Lehrherrn,
3. bei grober Pflichtverletzung des Lehrherrn in bezug auf die Ausbildung des Lehrlings,
4. bei einer das Leben und die Gesundheit des Lehrlings gefährdenden Behandlung,
5. bei nicht rechtzeitiger Zahlung des Entgelts durch den Lehrherrn.

Bei böswilligem Verlassen der Lehre können gegen den Lehrling polizeiliche Zwangsmaßnahmen ergriffen werden.

Übergang in einen anderen Lehrberuf:

Wünscht der Lehrling in einen anderen Beruf überzugehen, so hat er, wenn er schon volljährig ist, oder sein gesetzlicher Vertreter dies dem Lehrmeister schriftlich anzuzeigen. Das Lehrverhältnis gilt dann nach 4 Wochen als aufgelöst.

Der Lehrling darf innerhalb von 9 Monaten ohne Zustimmung seines früheren Lehrherrn nicht wieder im gleichen Beruf beschäftigt werden.

Lehrlingsstreitigkeiten (gilt nicht für Berlin. Siehe Anhang):

Streitfälle zwischen Lehrherrn und Lehrling müssen zunächst vor dem Ausschuß für Lehrlingsstreitigkeiten der Innung behandelt werden. Erfolgt dort keine Regelung des Streitfalles, so kann binnen 2 Wochen nach Spruch des Ausschusses Klage beim Arbeitsgericht eingereicht werden.

Lehrzeugnis:

Bei Beendigung des Lehrverhältnisses hat der Lehrherr dem Lehrling ein Lehrzeugnis auszustellen. Es muß enthalten:

1. Angabe des Gewerbes, in welchem der Lehrling unterwiesen worden ist,
2. Dauer der Lehrzeit,
3. Stand der erworbenen Kenntnisse und Fertigkeiten,
4. Angabe über das Betragen des Lehrlings.

An Stelle des Lehrzeugnisses kann auch der von der Innung ausgestellte Lehrbrief treten.

Gesellenwesen

Nach beendeter Lehrzeit ist dem Lehrling Gelegenheit zu geben, eine Gesellenpüfung abzulegen.

Die Gesellenprüfung:

Die Gesellenprüfung wird vom zuständigen Gesellenprüfungsausschuß der Innung abgenommen. Der Lehrling hat an den Vorsitzenden ein Gesuch um Zulassung zu richten.

Dem Gesuch sind beizufügen:

1. ein selbstverfaßter, eigenhändig geschriebener Lebenslauf,
2. das Lehrzeugnis,
3. Zeugnisse der Berufsschule oder der Fachschule,
4. Lehrvertrag,
5. Zwischenprüfungszeugnisse,
6. evtl. Vorschläge für das Gesellenstück sowie die Zustimmung des Lehrherrn dazu.

Prüfungsanforderungen:

Der Lehrling soll nachweisen, daß er die Fähigkeiten besitzt, vollwertig in einem fremden Betrieb zu arbeiten.

a) praktischer Teil:
   Anfertigung eines Gesellenstücks, Erstellung einer Arbeitsprobe.
b) theoretischer Teil:

Grundzüge des Lehrlings-, Gesellen- und Meisterwesens,
„ der handwerklichen Organisation,
„ des gewerblichen Rechnens,
„ der handwerklichen Buchführung,
„ der handwerklichen Kalkulation.

Wird die Prüfung vom Lehrling nicht bestanden, dann muß er eine angemessene Zeit nachlernen.

Geht das Nichtbestehen der Prüfung nachweislich auf mangelhafte Ausbildung zurück, so kann der Lehrherr zu Schadenersatz herangezogen werden. Außerdem kann ihm in besonders schweren Fällen die Lehrlingsanleitungsbefugnis entzogen werden.

Nach bestandener Gesellenprüfung wird dem Gesellen ein Prüfungszeugnis ausgestellt, an dessen Stelle auch der Gesellenbrief treten kann.

Meisterwesen

Meistertitel:

Den Meistertitel in Verbindung mit der Bezeichnung eines Handwerks dürfen nur Handwerker führen, welche für dieses Handwerk die Meisterprüfung bestanden und das 24. Lebensjahr vollendet haben (§ 133 Abs. 1).

Ausnahme:

Handwerker, die vor dem 1. 10. 1877 geboren sind und am 1. 10. 1901 persönlich und selbständig ein Handwerk ausgeübt haben und das Recht besaßen, Lehrlinge auszubilden, dürfen sich ohne Ablegung der Meisterprüfung Meister nennen.

Meisterprüfung:

Voraussetzungen für die Zulassung zur Meisterprüfung:

In der Regel wird nur zur Meisterprüfung zugelassen, wer die Gesellenprüfung abgelegt hat und wer die vorgeschriebene Gesellenpraxis nachweisen kann (meist 5 Jahre).

In besonders gelagerten Fällen sind Ausnahmen möglich. Dies gilt insbesondere für Handwerker, die schon geraume Zeit als selbständige Handwerker oder als Werkmeister tätig waren und für Handwerker, die mindestens 3 Jahre Wehrdienst im Kriege geleistet haben.

Das Gesuch um Zulassung zur Meisterprüfung:

Das Gesuch ist an den Vorsitzenden des jeweils zuständigen Meisterprüfungsausschusses zu richten. Ihm sind beizufügen:

1. ein eigenhändig geschriebenener und selbständig verfaßter Lebenslauf,
2. Nachweis der Gesellenprüfung und Gesellenpraxis,
3. Zeugnisse der gewerblichen Schulen,
4. polizeiliches Führungszeugnis,

5. Geburtsschein,
6. Gewerbeschein bei bereits selbständigen Gewerbetreibenden.

Vor Abfassung und Absendung des Gesuches empfiehlt es sich, die Zulassungsbedingungen sowie die für die Zulassung erforderlichen Unterlagen bei der zuständigen Handwerkskammer noch einmal genau zu erfragen.

Prüfungsanforderungen:

Der Prüfling hat den Nachweis zu führen, daß er sein erlerntes Handwerk praktisch und fachlich meisterlich beherrscht und daß er die für den selbständigen Betrieb eines Handwerks erforderlichen Kenntnisse des gewerblichen Rechnungswesens und der Gesetzgebung besitzt.

Die Prüfung gliedert sich in
a) den praktischen,
b) den theoretischen Teil.

Der praktische Teil erstreckt sich auf Herstellung eines Meisterstücks und erforderlichenfalls auf die Erstellung von Arbeitsproben.

Aus der Prüfung soll hervorgehen, ob der Prüfling in seinen Leistungen den gestellten Mindestforderungen der für die Prüfung gestellten Grundforderungen entspricht. Einzelheiten hierüber enthalten die für die einzelnen Berufszweige aufgestellten fachlichen Vorschriften.

Der theoretische Teil umfaßt die Prüfung in

Fachkenntnissen,
Buch- und Rechnungsführung,
Gesetzeskunde,
Steuerwesen,
Sozialversicherungswesen,
Genossenschaftsfragen,
Wechsel- und Scheckrecht,
Arbeitsrecht,
Gewerberecht,
Handwerksrecht,
Staatskunde,
allgemeinem Wissen.

Die unbefugte Führung des Meistertitels

in Verbindung mit einem Handwerk wird mit Geldstrafe und bei Uneinbringlichkeit mit Haft bestraft.

Zusammenfassung:

Lehrlings-, Gesellen- und Meisterwesen:

Lehrverhältnis: Ausbildungs- und Erziehungsverhältnis, kein Arbeitsverhältnis.

Anleitungsbefugnis:
- Voraussetzungen:
  - bürgerliche Ehrenrechte,
  - Vollendung des 24. Lebensjahres,
  - Meisterprüfung oder verliehene Anleitungsbefugnis.

Lehrvertrag:
- Vordrucke benutzen,
- 3—4fache Ausfertigung,
- zur Eintragung in Lehrlingsrolle bei Innung oder Kammer vorlegen.

Inhalt:
- Handwerkszweig,
- Dauer der Lehrzeit,
- Rechte und Pflichten des Lehrlings und Lehrherrn,
- Auflösungsbedingungen,
- Verbot der Nebenarbeit.

Probezeit: 1—3 Monate.
Dauer der Lehrzeit: 3—4 Jahre.

Pflichten des Lehrherrn:
1. Ordnungsgemäße Unterweisung,
2. Überwachung des Berufsschulbesuchs,
3. Erziehung zu guten Sitten,
4. Schutz vor Mißhandlungen,
5. Gewährung von Freizeit zum Besuch des Gottesdienstes,
6. keine häuslichen Dienstleistungen auferlegen.

Pflichten des Lehrlings:
1. Folgsamkeit, gutes Betragen, Fleiß, Treue,
2. pünktlicher Schulbesuch,
3. Zwischenprüfung ablegen,
4. Werkstattwochenbuch führen.

Vorzeitige Lösung: bei wichtigen Gründen.

Lehrlingsstreitigkeiten:
- vor Ausschuß zur Schlichtung von Lehrlingsstreitigkeiten bei Innung, dann evtl. Klage bei Arbeitsgericht.

Lehrzeugnis: Pflicht des Lehrherrn.

Gesellenprüfung: nach Beendigung der Lehrzeit.
Anforderungen:
- praktisch: Gesellenstück — Arbeitsprobe;
- theoretisch: handwerkliche Organisation,
  gewerbliches Rechnungswesen,
  Kalkulation.

Meistertitel in Verbindung mit Handwerk:
- nur, wer 24. Lebensjahr vollendet, Meisterprüfung bestanden.

Meisterprüfung:
  Voraussetzung: Gesellenprüfung, 5 Jahre Gesellenpraxis.
Ausnahmen möglich: bei langer selbständiger Praxis und Wehrdienst im Kriege.
Prüfungsanforderungen:
  praktisch:
    meisterliches Können im erlernten Handwerk;
  theoretisch:
    Kenntnisse in Fachkunde,
    Buch- und Rechnungsführung,
    Gesetzeskunde,
    Steuerwesen,
    Sozialversicherungen,
    Genossenschaftsfragen,
    Wechsel- und Scheckrecht,
    Arbeitsrecht,
    Gewerberecht,
    Handwerksrecht,
    Staatskunde.

Wirtschafts- und Gewerberecht

I. Wirtschaftsrecht

Firmenrecht

Zur Führung einer Firma ist nur derjenige berechtigt, der in das Handelsregister eingetragen und damit als Vollkaufmann anzusehen ist. Dies trifft nur auf einen kleinen Teil der selbständigen Handwerker zu. Deshalb gibt es in der Regel für den Handwerksmeister keine Firma sondern nur eine Geschäftsbezeichnung.

Der Handwerker kann nur seinen Namen mit mindestens einem Vornamen als Geschäftsbezeichnung anführen. Die Berufsbezeichnung kann noch hinzugefügt werden.

Die bürgerlich-rechtliche Gesellschaft

Eine Gesellschaft im Sinne des Bürgerlichen Gesetzbuches finden wir häufig. Sie liegt immer dann vor, wenn mehrere Personen miteinander vereinbaren, auf einen bestimmten Zweck hinzuarbeiten.

Wenn sich Handwerker zu gemeinschaftlichem Geschäftsbetrieb zusammenschließen, haben wir es meistens mit einer bürgerlich-rechtlichen Gesellschaft zu tun.

Zu beachten ist dabei, daß ein solcher Zusammenschluß noch nicht der Begründung einer kaufmännischen Firma gleichkommt. Die Gesellschaft muß deshalb unter den einzelnen Namen der Beteiligten geführt werden. Wenn sich also Handwerker der Rechtsform der bürgerlich-rechtlichen Gesellschaft bedienen, dann müssen sie in ihrer Geschäftsbezeichnung ihre Vor- und Eigennamen aufnehmen, z. B. Alfred Schulze und Kurt Meier, aber nicht Schulze & Meier oder Meier & Co.

Das Gesetz hat Einzelheiten über den Betrieb einer Gesellschaft festgelegt. Sie beziehen sich u. a. auf die Geschäftseinlagen, die Gewinnverteilung, die Rechte und Pflichten der Gesellschafter, die Haftung der Gesellschafter, den Austritt aus der Gesellschaft und die Auflösung der Gesellschaft. Diese Bestimmungen sind aber für die Beteiligten nicht zwingend, sie können durch Vereinbarung abgeändert werden. Deshalb ist die Abfassung eines schriftlichen Gesellschaftsvertrages durch eine rechtskundige Person dringend zu raten.

Die kaufmännischen Erwerbsgesellschaften

1. Die offene Handelsgesellschaft

Hier haften alle Inhaber solidarisch für die Verbindlichkeiten mit ihrem ganzen Vermögen unbeschränkt. Die Gesellschaft muß ins Handelsregister eingetragen werden, hat Firmenrecht, kann also firmieren „Schulze & Co“. Für die Teilhaberschaft ist besondere Vorsicht nötig, da alle gleichberechtigt sind und nicht durch Vertrag eingeschränkt werden können.

2. Die Kommanditgesellschaft (KG)

Hier haftet ein Teil der Gesellschaft mit seinem ganzen Vermögen unbeschränkt (die Komplementäre), ein anderer Teil haftet nur mit seiner Geschäftseinlage (die Kommanditisten).

3. Die Gesellschaft mit beschränkter Haftung (G. m. b. H.)

Alle Beteiligten haften nur mit ihrem Gesellschaftsanteil.

4. Die Aktiengesellschaft (AG)

Die Beteiligten, Aktionäre genannt, haften nur mit ihren Aktien.

Gesetz gegen den unlauteren Wettbewerb

Alle Handlungen im Rahmen des Wettbewerbes, die gegen die guten Sitten verstoßen, haben den Anspruch auf Unterlassung oder Schadenersatz zur Folge, auch Geld- und Gefängnisstrafen sind vorgesehen.

Zu verbotenen Handlungen gehören:

1. Ausschreitungen im Reklamewesen,
2. Ausschreitungen im Ausverkaufswesen,
3. Qualitäts- und Quantitätsverschleierungen,
4. Schmiergelderverteilung,
5. Geschäftsanschwärzung und üble Nachrede,

6. Mißbräuchliche Benutzung fremder Namen, Geschäftsbezeichnungen und Geschäftseinrichtungen,
7. Verrat von Geschäfts- und Betriebsgeheimnissen.

Außerdem steht die Preisschleuderei unter Strafe. Die Strafverfolgung tritt im letzteren Falle aber erst ein, wenn der Unternehmer seine Zahlungen eingestellt hat oder über sein Vermögen das Konkursverfahren eröffnet worden ist.

Zugabe und Rabattgewährung

Zugaben bei Lieferungen oder Leistungen sind verboten. Eine Ausnahme bilden geringwertige Reklamegegenstände mit Namensaufdruck des Unternehmers.

Zu den verbotenen Zugaben gehören auch Sonderleistungen und ungewöhnlich lange Garantien.

Preisnachlässe (Rabatte) von mehr als $3^0/_0$ sind im Verkehr mit den Letztverbrauchern verboten. Für Geschäfte mit Wiederverkäufern gilt dies nicht.

Gesetze zum Schutze gewerblicher Rechte

1. Patentgesetz

Erfindungen werden gegen unbefugte Nachahmungen, Erfinder gegen vermögensrechtliche Nachteile geschützt und zwar durch Erteilung eines Patentes.

Dieses gibt nur dem Erfinder allein das Recht, den Gegenstand der Erfindung herzustellen, in Verkehr zu bringen, feilzuhalten oder zu gebrauchen. Es gilt für die Dauer von 18 Jahren. Durch Gesetz vom 5. 7. 1948 sind Annahmestellen errichtet worden, bei denen Gebrauchsmuster, Warenzeichen und Patente angemeldet werden können.

Das Patent wird durch das Patentamt erteilt. Es hat seinen Sitz in München. Zwecks Erlangung eines Patentes empfiehlt es sich, Auskunft bei der Handwerkskammer oder bei einem vertrauenswürdigen Patentanwalt einzuholen.

2. Gesetz über den Schutz von Gebrauchsmustern

Das Gesetz übernimmt den Schutz von Gebrauchsgegenständen, die durch neue Gestaltung, Anordnung oder Vorrichtung den Gebrauchs- oder Arbeitszweck verbessern.

Der Gebrauchsmusterschutz dauert 3 Jahre, er kann um 3 Jahre nach Ablauf verlängert werden.

Das Verfahren ähnelt dem Verfahren zur Erlangung eines Patentes.

3. Gesetz zum Schutz der Warenbezeichnungen

Dem gewerblichen Unternehmer ist die Möglichkeit gegeben, die von ihm in den Verkehr gebrachten eigenen Waren durch ein Warenzeichen von den Waren anderer Hersteller zu unterscheiden. Solche Warenzeichen werden in die Warenzeichenrolle beim Patentamt eingetragen und genießen 10 Jahre Schutz vor Nachahmung. Die Verlängerung der Schutzdauer kann immer wieder beantragt werden.

Zusammenfassung:

Wirtschaftsrecht

Firmenrecht

Es steht nur dem zu, der als Vollkaufmann in das Handelsregister eingetragen ist.

Der Handwerker hat eine Geschäftsbezeichnung zu führen. Diese kann nur aus Vor- und Zunamen bestehen. Die Hinzufügung der Berufsbezeichnung ist zulässig.

Gesellschaft nach bürgerlichem Recht

Mehrere Personen vereinbaren, miteinander auf einen bestimmten Zweck hinzuarbeiten.

Einzelheiten sind den jeweiligen Vereinbarungen unterworfen. Deshalb ist der Gesellschaftsvertrag sorgfältig abzufassen.

Offene Handelsgesellschaft (Kompaniegeschäft)

Gemeinsame solidarische unbeschränkte Haftung.

Gleichberechtigung der Teilhaber kann nicht ausgeschlossen werden.

Kommanditgesellschaft

Ein Teil der Gesellschafter haftet unbeschränkt, der andere Teil nur mit Geschäftseinlage.

Gesellschaft mit beschränkter Haftung und Aktiengesellschaft

Die Beteiligten haften nur mit Gesellschaftsanteil oder Aktien.

Unlauterer Wettbewerb

umfaßt Handlungen, die im Wettbewerb als unfair anzusehen sind. Solche Handlungen sind verboten.

Zugaben und Rabatte

Zugaben sind im allgemeinen verboten, nur Reklamegegenstände von geringem Wert mit Namensbezeichnung des Unternehmers sind zugelassen. Rabatte über 3% an Letztverbraucher sind verboten.

Patentgesetz

schützt Erfindung und Erfinder, Dauer 18 Jahre.

Gesetz über den Schutz von Gebrauchsmustern

schützt Gebrauchsgegenstände in neuartiger Aufmachung. Dauer 3 Jahre, kann um weitere 3 Jahre verlängert werden.

Gesetz zum Schutz der Warenbezeichnungen

schützt das Gütezeichen. Dauer 10 Jahre, kann immer wieder verlängert werden.

II. Gewerberecht

Die gesetzliche Regelung des gewerblichen Lebens hat ihren Niederschlag in einer Unzahl von Gesetzen, Verordnungen und Anweisungen gefunden. Die Grundlage bildet die Reichsgewerbeordnung.

Die Reichsgewerbeordnung

hat ihren Ursprung in der Gewerbeordnung des Norddeutschen Bundes vom 21. 6. 1869. Diese ist nach Gründung des Reiches nach Ausdehnung auf Hessen (1871), Baden (1871), Württemberg (1871) und auf Bayern (1872) zur Reichsgewerbeordnung geworden.

Sie ist noch heute in Kraft, allerdings mit vielen Änderungen. So ist z. B. ein großer Teil des Handwerksrechts gestrichen und durch eine neue Handwerkergesetzgebung ersetzt worden.

Es gilt nun, aus der Gewerbeordnung diejenigen Bestimmungen zu betrachten, die auch für den Handwerker wichtig sind.

Da ist vor allem zu beachten, daß die Reichsgewerbeordnung (RGO) unter dem Grundsatz der Gewerbefreiheit steht. Im § 1 heißt es wörtlich:

„Der Betrieb eines Gewerbes ist jedermann gestattet, soweit nicht durch dieses Gesetz Ausnahmen oder Beschränkungen vorgeschrieben oder zugelassen sind."

Demnach müßte es im allgemeinen jedem möglich sein, jederzeit das Gewerbe zu ergreifen, das ihm paßt. Die Praxis zeigt das Gegenteil. Dieser Zustand ist auf die Vielzahl von Bestimmungen zurückzuführen, die im Laufe der Jahre aus wirtschaftspolitischen Erwägungen heraus getroffen wurden und in ihrer Auswirkung eine Einengung der Gewerbefreiheit darstellen.

Einteilung der Gewerbebetriebe:

Die Gewerbeordnung teilt die Gewerbebetriebe in 3 verschiedene Gruppen ein, und zwar unterscheidet sie nach dem Orte, an dem das Gewerbe ausgeübt wird:

1. Stehende Gewerbebetriebe,
2. Gewerbebetriebe im Umherziehen (Wandergewerbe),
3. Marktverkehr.

1. Stehende Gewerbebetriebe

Der stehende Gewerbebetrieb ist an einen festen Wohnort bzw. an eine feste Niederlassung gebunden und wird von dort aus in alltäglichen Formen betrieben. Er kann im allgemeinen von jedermann ausgeübt werden.

Er ist lediglich anzeigepflichtig (§ 14 GO). Über die Eröffnung des selbständigen Betriebes eines stehenden Gewerbes ist der zuständigen Ortsbehörde Anzeige zu machen. Dies kann schriftlich oder mündlich geschehen. Die Behörde stellt dann einen Gewerbeanmeldeschein aus. Die Anzeigepflicht besteht auch bei Wechsel des Betriebsinhabers, also nicht nur bei Neugründungen.

Bei Errichtung eines offenen Ladens ist der Gewerbetreibende verpflichtet, seinen Familiennamen mit mindestens einem ausgeschriebenen Vornamen an der Außenseite oder am Eingange des Ladens anzubringen (§ 15a GO).

Mit diesen wenigen Bestimmungen ist den Anforderungen der Gewerbefreiheit Genüge getan.

In der Praxis ist sie jedoch teils durch Bestimmungen der Gewerbeordnung selbst, teils durch zahlreiche andere Gesetze und Verordnungen eingeschränkt.

So kennen wir eine große Anzahl von Unternehmungen, deren Gründung oder Betrieb von Genehmigungen oder Anweisungen abhängt. Man gewinnt einen gewissen Überblick, wenn man die von Einschränkungen betroffenen Betriebe in Gruppen einteilt, z. B.

1. Betriebe, die Anweisungen unterworfen sind (§ 37 GO), z. B. Droschken, Dienstmänner,
2. Betriebe, die bei Unzuverlässigkeit des Inhabers verbietbar sind (§ 35 GO), z. B. Bauunternehmer,
3. Betriebe, die nur mit Befähigungsnachweis betrieben werden dürfen (§ 30a, § 31, 1 GO und Großer Befähigungsnachweis), z. B. Hufschmiede, Lotsen und Handwerker,
4. Betriebe, die hinsichtlich ihrer Werkstatt- oder Fabrikanlagen genehmigungspflichtig sind (§ 16a GO), z.B. Dampfhämmer, Gasanstalten, Schießpulverfabriken,
5. Betriebe, deren Inhaber besonderer persönlicher Genehmigung bedürfen (§§ 29, 1 und 33 GO), z. B. Apotheker (Approbation) und Gastwirte (Konzession),
6. Betriebe, die durch Sonderbestimmungen, Sondergesetze und Verordnungen beschränkt sind, z. B. Bäckereien, Fleischereien usw.

Vor Erteilung des Gewerbescheines machen sich aus vorstehenden Gründen vielfach Erörterungen nötig. Ist er aber erteilt, dann ist damit auch die Gewerbebefugnis gegeben.

Der Verlust der Gewerbebefugnis tritt ein durch

Nichtgebrauch,
Zeitablauf,
Rücknahme,
Untersagung,
Verzicht.

Nichtgebrauch: Es erlischt die Genehmigung, wenn innerhalb eines Jahres kein Gebrauch davon gemacht worden ist. Fristverlängerung ist möglich.

Zeitablauf kommt in Betracht, wenn befristete Gewerbebefugnis erteilt wird.

Rücknahme erfolgt, wenn Befugnis unter falschen Voraussetzungen erteilt wurde.

Untersagung, wenn Gemeinwohl gefährdet ist,

Verzicht: freiwillige Abmeldung.

2. Gewerbebetrieb im Umherziehen (Wandergewerbe)

Man versteht unter Wandergewerbe das Feilbieten und Verkaufen von Waren in eigener Person außerhalb des Wohnortes ohne Begründung einer gewerblichen Niederlassung und ohne vorausgegangene Bestellung.

Für den Betrieb des Wandergewerbes ist der Wandergewerbeschein nötig. Er ist aber nicht erforderlich, wenn es sich um den Vertrieb von selbst gewonnenen oder rohen Naturerzeugnissen handelt.

Für bestimmte Waren ist der Vertrieb im Wandergewerbe untersagt, z. B. geistige Getränke, gebrauchte Kleider und Betten, Gold- und Silberwaren usw.

3. Marktverkehr

Unter Marktverkehr verstehen wir den Besuch von Messen, Jahr- und Wochenmärkten sowie den Kauf und Verkauf von Waren auf denselben. Er steht jedermann frei.

Auf Wochenmärkten dürfen nur feilgeboten werden:

1. rohe Naturerzeugnisse mit Ausschluß des größeren Viehs,
2. Waren, deren Erzeugung mit der Landwirtschaft, Jagd, Fischerei usw. in unmittelbarer Verbindung steht.

Auf Jahrmärkten dürfen Waren aller Art feilgeboten werden. Genehmigungspflichtig sind lediglich geistige Getränke. Im übrigen sind bei Märkten zu beachten:

die Marktordnung,
die Marktgebühren,
die Preisanschläge.

Über die Durchführung der Vorschriften der Gewerbeordnung wachen die Gewerbebehörden (Gewerbeaufsichtsämter). Ihnen obliegt die Kontrolle der Betriebe, der Erzeugnisse und evtl. der Preise.

Zusammenfassung:

Gewerberecht
Grundlage: Reichsgewerbeordnung.
 Sie steht unter dem Grundsatz der Gewerbefreiheit.
Sie unterscheidet
 stehende Gewerbebetriebe (feste Niederlassung),
 Wandergewerbe (keine feste Niederlassung),
 Marktverkehr (Messen, Wochenmärkte, Jahrmärkte).
Gewerbefreiheit zum Teil eingeschränkt durch
 Anweisungen,
 Verbietbarkeit,
 Befähigungsnachweis,
 Genehmigungspflicht.
Für Wandergewerbe und Marktverkehr Sonderbestimmungen.

Arbeitsrecht

Allgemeine Bestimmungen

Die für den Betrieb eines Handwerksmeisters und seiner Gesellen und Lehrlinge wichtigen arbeitsrechtlichen Bestimmungen sind in den verschiedensten Gesetzen, Verordnungen und Anordnungen verteilt, so z. B. im Bürgerlichen Gesetzbuch, im Handelsgesetzbuch, in der Gewerbeordnung, in der Arbeitszeitordnung, im Jugendschutzgesetz. Dazu gesellen sich noch zahlreiche Bestimmungen aus Verordnungen und polizeilichen Anordnungen usw.

Aus der Fülle dieser Bestimmungen sind die über den Arbeitsvertrag und alles, was mit der Tätigkeit aus ihm zusammenhängt, besonders wichtig, z. B. Arbeitsbehörden, Lohnschutz, Kündigungsfristen und Kündigungsschutz, Arbeitszeugnis und Arbeitsgerichtsverfahren. Daneben sind von gleicher Wichtigkeit die Bestimmungen über Arbeitszeit, Urlaub, Jugendschutz und Frauenschutz.

Der Arbeitsvertrag

Der Arbeitsvertrag beruht auf Abmachungen zwischen Arbeitgeber und Arbeitnehmer vor allem über Arbeitsleistung und Lohnzahlung. Der Arbeitnehmer verpflichtet sich zu Dienstleistungen, der Arbeitgeber zur Bezahlung dieser Dienstleistungen. An Stelle eines schriftlichen Arbeitsvertrages können auch mündliche Abmachungen treten, vor allem gelten die bestehenden Tarifordnungen und Tarifverträge. Sie treten bei der Einstellung von Arbeitern, Gesellen und Gehilfen meist an die Stelle einzelner Abmachungen.

Tarifverträge (Tarifordnungen) — Betriebsordnung

Der Tarifvertrag regelt die Rechte und Pflichten der Vertragsparteien und enthält Bestimmungen, die den Inhalt, den Abschluß und die Beendigung von Arbeitsverhältnissen ordnen. Tarifverträge sind schriftlich abzuschließen. Tarifvertragsparteien sind Gewerkschaften, einzelne Arbeitgeber sowie Vereinigungen von Arbeitgebern (Landesinnungsverbände, Innungen).

An den Tarifvertrag sind alle Mitglieder der Tarifvertragsparteien gebunden. Die Bestimmungen des Tarifvertrags gelten für alle Betriebe, deren Arbeitgeber tarifgebunden sind.

Die Bestimmungen des Tarifvertrags sind zwingend und unmittelbar. Abweichende Abmachungen sind nur zulässig, soweit sie durch den Tarifvertrag gestattet sind oder eine Regelung zugunsten des Arbeitnehmers enthalten.

Der Tarifvertrag kann für allgemeinverbindlich erklärt werden. Dann erfassen seine Rechtsbestimmungen in seinem Geltungsbereich auch die bisher nicht gebundenen Arbeitgeber und Arbeitnehmer.

In Betrieben mit in der Regel mindestens 20 Beschäftigten müssen Betriebsordnungen erlassen werden. Sie haben die Arbeitsbedingungen im einzelnen zu regeln.

Arbeitsvermittlung und Arbeitslenkung

Der Arbeitseinsatz unterliegt der Überwachung und Lenkung durch die Arbeitsämter. Durch das Kontrollratsgesetz Nr. 3 sind alle Männer vom 14. bis 65. Lebensjahr und alle Frauen vom 15.—50. Lebensjahr verpflichtet, sich beim Arbeitsamt registrieren zu lassen. Die Arbeitsämter stellen hierüber einen Registrierschein aus. Außerdem sind Beschäftigungsnachweise (Arbeitspässe oder Arbeitsbücher) angeordnet, die aber auf Grund der Lockerungen der Bestimmungen über den Arbeitseinsatz nicht mehr ausgestellt werden. In West-Berlin sind die Arbeitsbücher ab 1. 1. 1950 weggefallen.

Jede Einstellung von Personal und jeder Arbeitsplatzwechsel ist genehmigungspflichtig.

Ebenso sind die Bestimmungen des Kontrollratsgesetzes Nr. 32 über Arbeitsverpflichtungen für besonders dringliche Arbeiten noch in Kraft.

Urlaub (gilt nicht für Berlin)

Der Urlaub für Arbeitnehmer ist durch Urlaubsgesetze der einzelnen Länder geregelt. Er beträgt im allgemeinen 12 Tage, für Jugendliche unter 18 Jahren 24 Tage. Einzelheiten regeln die Urlaubsgesetze der einzelnen Länder. Ein einheitliches Urlaubsgesetz wird erwartet.

Arbeitsbehörden (gilt nicht für Berlin)

Arbeitsämter
zuständig für Arbeitseinsatz, Arbeitsvermittlung, Arbeitslenkung.

Gewerbeaufsichtsämter (Gewerbeinspektionen)
zuständig für Einhaltung der gesetzlichen Bestimmungen über Arbeitsschutz und Unfallverhütung in den Betrieben.

Landesarbeitsämter
zuständig für Beschwerden und grundsätzliche Regelungen.

Arbeitsministerien
zuständig für Regelung und Überwachung des gesamten Gebietes des Arbeits- und Sozialrechts in den Ländern.

Bundesministerium für Arbeit
zuständig als oberste Instanz für arbeitsrechtliche und sozialrechtliche Fragen im Bundesgebiet.

Arbeitsschutz

Arbeitsräume und Betriebseinrichtungen sind so zu gestalten und zu unterhalten, daß Leben und Gesundheit der Arbeiter geschützt sind. Die Unfallverhütungsvorschriften und Anordnungen der Berufsgenossenschaften sind streng zu beachten. Die Gewerbeaufsichtsämter (in Berlin Amt für Arbeitsschutz) überwachen die Durchführung der Anordnungen.

Lohnzahlung und Lohnschutz

Für die Höhe des zu zahlenden Lohnes kommt die bestehende tarifliche Regelung als Grundlage in Betracht. Im allgemeinen gilt der Grundsatz, daß Löhne unter Tarif nicht gezahlt werden dürfen. Kein Arbeitnehmer darf schlechter gestellt werden, als es der Tarif vorsieht. Seine Bestimmungen sind unabdingbar.

Bei normalen Wirtschaftsverhältnissen kann jedoch der Arbeitgeber den Lohn nach Leistung über den Tarif erhöhen. Dies gilt aber nur bei völlig freier Wirtschaftsgestaltung. In der Praxis ist zur Zeit jede Lohnerhöhung im Hinblick auf die Preisentwicklung verboten. Wenn sich in besonders gelagerten Fällen eine solche aber unbedingt nötig macht, dann ist sie genehmigungspflichtig.

Für die Lohnzahlung selbst bestimmt die Reichsgewerbeordnung, daß der Lohn in Deutscher Mark zu berechnen und in bar auszuzahlen ist. Es dürfen also nicht etwa Waren mit in Zahlung gegeben werden. Der Lohn darf auch nicht in Wirtshäusern oder Kantinen ausgezahlt werden.

Bei der Lohnberechnung müssen die Abzüge für die Beiträge zur Sozialversicherung und Steuern berücksichtigt werden. Der Arbeitgeber hat die für die Arbeitnehmer anteiligen Beträge einzubehalten und mit den von ihm zu tragenden Beiträgen zur Sozialversicherung an die zuständigen Stellen abzuführen (Krankenkasse und Steueramt). In Betrieben mit mehr als 20 Arbeitnehmern ist den Arbeitnehmern ein Lohnzettel über den Betrag des verdienten Lohnes und der Abzüge auszuhändigen.

Kündigung

Für gewerbliche Arbeiter beträgt die Kündigungsfrist im allgemeinen 14 Tage. Es kann jedoch durch private oder tarifliche Abmachung auch eine andere Kündigungsfrist festgesetzt werden. Bedingung ist jedoch, daß die Kündigungsfrist sowohl für Arbeitgeber als auch für Arbeitnehmer die gleiche sein muß.

Die Kündigung selbst ist an keine bestimmte Form gebunden. Sie kann also schriftlich oder mündlich erfolgen. Der Arbeitgeber ist verpflichtet, dem gekündigten Arbeitnehmer auf Verlangen eine angemessene Zeit zum Aufsuchen einer anderen Arbeitsmöglichkeit zu gewähren.

Im einzelnen gilt für die Kündigungsfristen folgendes:

1. Die Kündigungsfristen unterliegen freier Vereinbarung. Sind solche nicht getroffen, dann gilt die gesetzliche Kündigungsfrist.
2. Die gesetzlichen Kündigungsfristen:

a) nach der Gewerbeordnung:

Die Kündigungsfrist beträgt, wie schon erwähnt, 14 Tage. Die Kündigung kann an jedem Tage ausgesprochen werden. Sie ist also nicht an den Anfang oder das Ende einer Woche gebunden.

Von dieser Bestimmung gibt es zwei wichtige Ausnahmen:

1. Bei einem wichtigen Grunde (z. B. Todesfall in der Familie, schwere Erkrankung, Verheiratung) kann sowohl vom Arbeitgeber als auch vom Arbeitnehmer die sofortige Aufhebung des Arbeitsverhältnisses verlangt werden, allerdings nur unter der Voraussetzung, daß das Arbeitsverhältnis auf mindestens 4 Wochen abgeschlossen oder eine 14tägige Kündigungsfrist vereinbart wurde (§ 124a RGO).

2. Fristlose Kündigung kann erfolgen

seitens des Arbeitnehmers,

a) wenn er zur Arbeit unfähig wird,
b) wenn der Arbeitgeber tätlich oder grob beleidigend geworden ist,

c) wenn der Lohn nicht in der gesetzlich vorgeschriebenen Form ausgezahlt wird,

d) wenn Leben oder Gesundheit bei Fortsetzung der Arbeit bedroht wird,

seitens des Arbeitgebers,

a) wenn er vom Arbeitnehmer bei Einstellung hintergangen wird,

b) wenn sich der Arbeitnehmer einer strafbaren Handlung oder liederlichen Lebenswandels schuldig macht,

c) wenn der Arbeitnehmer unbefugt die Arbeit verläßt oder beharrlich seine Pflichten verletzt,

d) wenn der Arbeitnehmer nach Verwarnung unvorsichtig mit Feuer und Licht umgeht,

e) wenn sich der Arbeitnehmer Tätlichkeiten oder grober Beleidigungen schuldig macht,

f) wenn sich der Arbeitnehmer einer vorsätzlichen oder rechtswidrigen Sachbeschädigung zum Nachteil des Arbeitgebers schuldig macht,

g) wenn der Arbeitnehmer Familienangehörige des Arbeitgebers oder seine Mitarbeiter zu gesetzwidrigen Handlungen verleitet,

h) wenn der Arbeitnehmer zur Fortsetzung der Arbeit unfähig wird oder mit einer abschreckenden Krankheit behaftet ist.

In allen Fällen, außer im Falle h, ist die fristlose Entlassung nicht mehr zulässig, wenn die zugrunde liegenden Tatsachen dem Arbeitgeber länger als eine Woche bekannt sind.

Für gewerbliche Angestellte (Werkmeister, Techniker usw.) gelten die gleichen Kündigungsfristen wie für Handlungsgehilfen.

b) nach dem Handelsgesetzbuch:

Hier kommen die Arbeitsverhältnisse von Handlungsgehilfen in Betracht.

Das Arbeitsverhältnis ist mit einer Kündigungsfrist von 6 Wochen zum Schluß eines Kalendervierteljahres kündbar (§ 66 HGB).

Bei vereinbarter Kündigungsfrist muß diese mindestens einen Monat betragen, und die Kündigung kann nur zum Schluß eines Kalendermonats erfolgen.

Bei einer Kündigungsfrist von 6 Wochen zum Schluß eines Kalendervierteljahres muß die Kündigung zugehen

spätestens am	17. Februar	bei Kündigung	zum	31. März,
	19. Mai	,,	,,	,,	30. Juni,
	19. August	,,	,,	,,	30. September,
	19. November	,,	,,	,,	31. Dezember.

Fristlose Entlassung nur bei Vorliegen eines wichtigen Grundes.

c) nach dem Bürgerlichen Gesetzbuch:

Häufigster Anwendungsfall ist der Arbeitsvertrag mit Hausangestellten.

Die Kündigung ist zulässig (§ 621 BGB)

täglich, wenn die Vergütung nach Tagen bemessen ist,

nur für den Schluß einer Kalenderwoche, wenn die Vergütung nach Wochen bemessen ist (spätestens Montag kündigen),

nur für den Schluß eines Kalendermonats, wenn die Vergütung nach Monaten bemessen ist, Kündigung muß spätestens am 15. des Monats geschehen,

nur für den Schluß eines Kalendervierteljahres, wenn die Vergütung vierteljährlich oder nach längeren Zeitabschnitten erfolgt unter Einhaltung einer Kündigungsfrist von 6 Wochen.

Fristlose Entlassung ebenfalls bei Vorliegen eines wichtigen Grundes möglich.

Kündigungsschutz (gilt nicht für Berlin)

In Betrieben mit in der Regel 10 Beschäftigten kann ein Angestellter oder Arbeiter, dem nach einjähriger Beschäftigung im gleichen Betrieb gekündigt wird, binnen zwei Wochen beim Arbeitsgericht auf Widerruf der Kündigung klagen, wenn diese unbillig hart erscheint und nicht durch die Verhältnisse des Betriebes bedingt ist.

Im Urteil, das den Widerruf der Kündigung für berechtigt hält, ist eine Entschädigung festzusetzen, für den Fall, daß der Arbeitgeber die Kündigung nicht widerruft. Die Entschädigung kann bis zur Höhe eines Jahresgehalts festgesetzt werden.

Arbeitszeugnis und Aushändigung der Papiere

Jeder Arbeitnehmer, auch Lehrlinge und Volontäre, haben Anspruch auf ein Zeugnis. Auf die Dauer des Arbeitsverhältnisses kommt es dabei nicht an.

Das Zeugnis ist bei Beendigung des Arbeitsverhältnisses auszustellen. Der Arbeitnehmer kann aber das Zeugnis schon vom Tage der Kündigung an verlangen. In der Praxis ist es vielfach üblich. bei der Kündigung ein Zwischenzeugnis auszustellen, das nach Beendigung des Dienstes in ein endgültiges umgetauscht wird.

Eine bestimmte Form ist nicht vorgeschrieben. Es muß aber auf sauberem Papier in leserlicher Schrift geschrieben sein, die Verwendung von Blei- oder Tintenschrift braucht sich der Arbeitnehmer nicht gefallen zu lassen.

Das Zeugnis muß die Art und Dauer des Arbeitsverhältnisses enthalten. Nur beim Lehrling sind auch Angaben über Kenntnisse, Fähigkeiten und Betragen zu machen. Aus dem Zeugnis muß auch in klarer Form hervorgehen, welche Stellung der Arbeitnehmer innegehabt hat und welche Arbeiten er leistete.

Auf Verlangen des Arbeitnehmers ist das Zeugnis auf Führung und Leistung auszudehnen.

Das Zeugnis darf keine unwahren Angaben enthalten. Es soll dem Arbeitnehmer das Fortkommen nicht unbillig erschweren. Sind strafbare Handlungen begangen worden, so braucht es nicht direkt ausgesprochen zu werden, es muß jedoch zum Ausdruck gebracht werden, daß etwas nicht ganz in Ordnung war. Bei Veruntreuungen darf Ehrlichkeit nicht bescheinigt werden.

Nach Beendigung des Arbeitsverhältnisses hat der Arbeitgeber dem Arbeitnehmer die ihm zustehenden Papiere: Arbeitszeugnis, Sozialversicherungsnachweise und Steuerkarte auszuhändigen. Der Arbeitnehmer hat darauf einen klagbaren Herausgabeanspruch.

Arbeitszeit

Die Arbeitszeit wurde mit der Arbeitszeitverordnung vom 30. 4. 1938 neu geregelt. Während des Krieges wurde diese Arbeitszeitordnung jedoch außer Kraft gesetzt, gilt aber zur Zeit größtenteils wieder.

Die Regelung über die Arbeitszeit erstreckt sich auf verschiedene Gebiete:

1. die Arbeitszeit im allgemeinen,
2. die Mehrarbeit,
3. die Ruhezeit,
4. die Arbeitspausen,
5. den Frauenschutz,
6. die Überwachung des Arbeitsschutzes.

1. Arbeitszeit im allgemeinen:

Die regelmäßige werktägliche Arbeitszeit darf für Betriebsangehörige über 18 Jahre die Dauer von 8 Stunden nicht überschreiten. Diese regelmäßige Arbeitszeit kann sich durch sogenannte Leerstunden verschieben, d. h. daß an bestimmten Tagen für ausfallende Stunden an anderen Tagen mehr gearbeitet wird. Dies ist zulässig.

2. Mehrarbeit:

Mehrarbeit ist bei bestimmten Sachlagen möglich und zwar:

a) bei Vor- und Abschlußarbeiten bis zu 2 Stunden täglich,

b) auf Anordnung des Arbeitgebers an 30 Tagen im Jahr zwei Stunden täglich, jedoch nicht über 10 Stunden täglich hinaus,

c) auf Grund einer Bestimmung der Tarifordnung,

d) auf Grund einer Genehmigung des Gewerbeaufsichtsamtes,

e) infolge von Notfällen,

f) durch abweichende Regelung der Arbeitszeit einzelner Betriebsangehöriger.

Bei Mehrarbeit besteht mit Ausnahmen Anspruch auf Mehrarbeitsvergütung.

3. Ruhezeit:

Grundsätzlich beträgt die Ruhezeit für alle Betriebsangehörigen mindestens 11 Stunden. Sie kann ausnahmsweise auf 10 Stunden verkürzt werden und zwar in Gast- und Schankwirtschaften, im Beherbergungswesen, im Verkehrswesen und bei dringendem Bedarf.

Sonntagsruhe: Sonn- und Festtagsarbeit ist grundsätzlich verboten. Ausnahmen bestehen für bestimmte Gewerbe.

4. Arbeitspausen:

a) Männer haben bis zu einer Arbeitszeit von 6 Stunden keinen Anspruch auf eine Arbeitspause. Bei einer Arbeitszeit von 6—8 Stunden ist ½ Stunde oder zweimal je ¼ Stunde Pause zu gewähren.

b) Frauen haben bei einer Arbeitszeit von 4½—6 Stunden Anspruch auf 20 Minuten Pause. Jede Pause muß mindestens ¼ Stunde betragen. Über eine Arbeitszeit von 6 Stunden hinaus gelten folgende Pausen:
von 6—8 Stunden ½ Stunde oder zweimal je ¼ Stunde,
von 8—9 Stunden ¾ Stunde ganz oder geteilt,
über 9 Stunden 1 Stunde.

5. Frauenschutz:

a) Beschäftigungsverbote:

in Bergwerken,
in Salinen,
in Aufbereitungsarbeiten,
in unterirdisch betriebenen Brüchen,
in Gruben unter Tage,
bei der Förderung,
bei Transport und Verladung,
in Kokereien,
bei der Beförderung von Roh- und Werkstoffen bei Bauten aller Art.

Hierzu können weitere Verbote treten.

b) Höchstarbeitszeit für Frauen:

1. Bei Schwangerschaft und während der Stillzeit ist jede Mehrarbeit über 48 Stunden verboten.
2. Vor- und Abschlußarbeiten dürfen eine Stunde täglich nicht überschreiten.
3. Bei Mehrarbeit in Ausnahmefällen darf grundsätzlich die tägliche Beschäftigung die Dauer von 10 Stunden nicht überschreiten.
4. An den Tagen vor Sonn- und Feiertagen darf die Arbeitszeit 8 Stunden nicht überschreiten. Ausnahmen möglich, z. B. Friseurhandwerk.

c) Arbeitspausen für Frauen:

bis 4½ Stunden keine Pause,
von 4½—6 Stunden mindestens 20 Minuten,
von 6—8 Stunden ½ Stunde,
von 8—9 Stunden ¾ Stunde,
über 9 Stunden 1 Stunde.

Ausnahmen kann das Gewerbeaufsichtsamt aus wichtigen Gründen zulassen.

d) Nachtruhe für Frauen:

Grundsätzlich Nachtruhe für Frauen von 20 Uhr abends bis 6 Uhr morgens. Ausnahmen möglich, z. B. in mehrschichtigen Betrieben dürfen Frauen bis

23 Uhr beschäftigt werden, auch bei Tätigkeit im Friseurhandwerk, Verkehrsgewerbe usw.

e) Freies Wochenende:

Frauen dürfen, mit Ausnahmen an Tagen vor Sonn- und Feiertagen, nicht länger als bis 17 Uhr beschäftigt werden.

6. Überwachung des Arbeitsschutzes:

Jeder Arbeitgeber muß einen Aushang über Arbeitszeit und Pausen im Betriebe an sichtbarer Stelle anbringen. Er muß auch einen Nachweis über die Arbeitszeit im einzelnen führen. Das Gewerbeaufsichtsamt (in Berlin: Amt für Arbeitsschutz) führt die Kontrollen durch.

Jugendschutz

(In Berlin durch Gesetz v. 25. 11. 49 geändert, siehe Anhang)

Das Jugendschutzgesetz vom 30. 4. 1938 brachte

das Verbot der Kinderarbeit,
den Schutz der Jugendlichen in der Arbeit,
die erforderliche Freizeit für Weiterbildung und körperliche Ertüchtigung.

A. Kinderarbeit

Kinder sind Jugendliche bis zu 14 Jahren. Kinderarbeit ist grundsätzlich verboten.

Ausnahmen: Volksschulpflichtige Kinder über 12 Jahre. Sie können nach Aushändigung einer Arbeitskarte beschäftigt werden.

Kinder unter 12 Jahren dürfen nicht beschäftigt werden (Ausnahmen: Film, Theater usw.).

Kinder von über 12 Jahren dürfen nur mit leichten Arbeiten im Handelsgewerbe beschäftigt werden.

Beschäftigungsdauer volksschulpflichtiger Kinder:

Es gelten folgende Beschränkungen: Keine Beschäftigung vor dem Vormittagsunterricht. Nur in der Zeit zwischen 8 und 19 Uhr und täglich nicht mehr als 2 Stunden, während der Schulferien nicht mehr als 4 Stunden. Bei mehr als 3 Stunden Beschäftigung Ruhepause von ½ Stunde. Während der Schulferien müssen die Kinder mindestens 15 Tage beschäftigungsfrei bleiben. Grundsätzlich verboten ist die Beschäftigung an Sonn- und Feiertagen.

Kinderarbeit nicht mehr volksschulpflichtiger Kinder:

Kinder, die nicht mehr der Volksschulpflicht unterliegen, dürfen täglich nicht mehr als 6 Stunden beschäftigt werden. Werden sie als Lehrlinge eingestellt, dann gelten für sie die Bestimmungen für Jugendliche.

B. Arbeit Jugendlicher

Jugendliche sind Personen von 14—18 Jahren. Dabei genießen Jugendliche bis 16 Jahre besonderen Schutz.

a) Arbeitszeit (gilt nicht für Berlin, siehe Anhang):

Regelmäßig werktäglich 8 Stunden, wöchentlich nicht mehr als 48 Stunden. In Niedersachsen 7 Stunden werktäglich, wöchentlich nicht mehr als 42 Stunden.

Berufsschulunterricht gilt als Arbeitszeit. Unregelmäßige Arbeitszeit kann ausgeglichen werden.

Die Verlängerung der Arbeitszeit bei Vor- und Abschlußarbeiten um ½ Stunde ist zulässig. Längere Arbeitszeit muß ausgeglichen werden.

Bei Jugendlichen unter 16 Jahren muß die gesamte verlängerte Arbeitszeit ausgeglichen werden.

b) Mehrarbeit:

Grundsätzlich ist eine Mehrarbeit Jugendlicher verboten.

Ausnahmen:

1. Arbeitszeit mit ununterbrochenem Fortgang: Verlängerung auf 52 Stunden wöchentlich möglich, aber nur für Jugendliche über 16 Jahre,
2. mit Genehmigung des Gewerbeaufsichtsamtes bis zu 10 Stunden täglich, 54 Stunden wöchentlich, aber nur für Jugendliche über 16 Jahre,
3. auf Grund einer Tarifordnung 10 Stunden täglich, 54 Stunden wöchentlich.

c) Ruhezeit:

12 Stunden. Bei Jugendlichen über 16 Jahren Verkürzung auf 10 Stunden möglich.

d) Ruhepausen:

Bei Arbeitszeit von	4½—6 Stunden	20 Minuten,
	6—8 Stunden	½ Stunde,
	8—9 Stunden	¾ Stunde,
über	9 Stunden	1 Stunde.

e) Nachtruhe:

Beschäftigung Jugendlicher in der Nacht zwischen 20 Uhr und 6 Uhr ist verboten.

Ausnahmen nur für bestimmte Betriebe, z. B. Gast- und Schankwirtschaften.

f) Sonntagsruhe:

Grundsätzlich ist die Beschäftigung Jugendlicher verboten.

Ausnahmen für bestimmte Gewerbe sind ebenfalls möglich.

g) Freies Wochenende:

An den Sonnabenden und den Tagen vor dem Weihnachts- und Neujahrsfest dürfen Jugendliche nur bis 14 Uhr beschäftigt werden. Ist dies nicht in allen

Wirtschaftszweigen durchführbar, ist den Jugendlichen eine entsprechende Freizeit an einem anderen Tage zu gewähren.

h) Mehrarbeitsvergütung:

Jugendliche haben ebenfalls Anspruch auf Mehrarbeitsvergütung (ausgenommen Vorbereitungs- und Abschlußarbeiten, Aufräumungsarbeiten, Arbeit in Notfällen). Lehrlinge erhalten grundsätzlich keinen Mehrarbeitszuschlag.

i) Urlaub (gilt nicht für Berlin, siehe Anhang):

Mindesturlaub für Jugendliche unter 16 Jahren 15 Werktage, für Jugendliche über 16 Jahre 12 Werktage, sofern nicht durch Urlaubsgesetze der Länder etwas anderes bestimmt ist.

k) Überwachung des Arbeitgebers:

Der Arbeitgeber muß folgende Verzeichnisse führen:

ein Verzeichnis der Jugendlichen mit Tag und Jahr ihrer Geburt, Eintrittstag und Urlaub,
ein Verzeichnis über die Verteilung der Arbeitszeit bei Mehrarbeit (Ausgleich der Arbeitszeit),
ein Verzeichnis über den Ersatz des freien Wochenendes.

Für Innehaltung der Bestimmungen des Jugendschutzgesetzes ist der Arbeitgeber verantwortlich und wird vom Gewerbeaufsichtsamt überwacht.

Betriebsrätegesetz

Zur Wahrung der beruflichen, wirtschaftlichen und sozialen Interessen der Arbeiter und Angestellten sind in den einzelnen Betrieben Betriebsräte zu wählen.

Der Betriebsrat ist aus dem Kreis der Personen zu bilden, die tatsächlich in diesem Betrieb tätig sind.

Die Wahl des Betriebsrates hat unter Anwendung demokratischer Grundsätze und mittels geheimer Abstimmung zu erfolgen.

a) Aufgaben des Betriebsrates:

Beratung mit dem Arbeitgeber über die Anwendung des Tarifvertrags und der Betriebsordnung,
Beratung mit dem Arbeitgeber über Erlaß einer Betriebsordnung,
Unterbreitung von Vorschlägen über Verbesserung der Arbeits- und Produktionsmethoden,
Untersuchung von Beschwerden,
Zusammenarbeit mit den Behörden bei der Denazifizierung der öffentlichen und privaten Betriebe und in Angelegenheit der Rüstungsindustrie,
Schaffung und Leitung von sozialen Einrichtungen.

b) Rechte des Betriebsrates:

Abhaltung von Zusammenkünften im Betriebe,
Verhandlung mit dem Arbeitgeber über die für den Betriebsrat zuständigen Angelegenheiten,
Einsichtnahme in alle Unterlagen, die für die Durchführung der grundsätzlichen Aufgaben erforderlich sind.

Arbeitsgerichte

Streitigkeiten aus einem Arbeitsverhältnis werden vom Arbeitsgericht in erster Instanz entschieden. Wie hoch der Streitwert ist, ist gleichgültig.

Für Berufungsklagen gegen Urteile des Arbeitsgerichts ist das Landesarbeitsgericht zuständig.

Arbeitsgerichte erstrecken in der Regel ihre Zuständigkeit auf den Bezirk eines Amtsgerichts, Landesarbeitsgerichte auf den eines Landgerichts.

Beim Arbeitsgericht und Landesarbeitsgericht werden Kammern gebildet, die sich aus einem Richter als Vorsitzenden und je einem Unternehmer und Arbeitnehmer zusammensetzen.

Neben Kammern für Arbeiter und Angestellte gibt es auch solche für bestimmte Berufs- und Gewerbegruppen.

Als Vertreter einer Partei sind Rechtsanwälte nicht zugelassen.

Das Prozeßverfahren entspricht dem Verfahren für bürgerliche Rechtsstreitigkeiten.

Zusammenfassung:

Arbeitsrecht

Allgemeine Bestimmungen:

Arbeitsvertrag:
Dienstleistung gegen Bezahlung.

Tarifverträge
werden von Gewerkschaften und einzelnen Arbeitgebern oder Vereinigungen von Arbeitgebern abgeschlossen. Sie regeln die Arbeitsverhältnisse sowie die Rechte und Pflichten der Vertragspartner.
Sie sind unabdingbar und können für allgemein verbindlich erklärt werden.

Betriebsordnungen:
In Betrieben mit mindestens 20 Arbeitnehmern sind Betriebsordnungen zu erlassen.
Sie regeln die Arbeitsverhältnisse im einzelnen.

Arbeitsvermittlung und Arbeitslenkung:
Zuständig Arbeitsämter.
Registrierpflicht der Bevölkerung.
Genehmigungspflicht bei Arbeitsplatzwechsel.
Arbeitsverpflichtungen in besonders dringenden Fällen.

Urlaub (gilt nicht für Berlin):
nach Urlaubsgesetzen der Länder.
Im allgemeinen 12 Tage, für Jugendliche 24 Tage.

Arbeitsbehörden (gilt nicht für Berlin):
Arbeitsämter,
Gewerbeaufsichtsämter,
Landesarbeitsämter,
Arbeitsministerien,
Bundesministerium für Arbeit.

Arbeitsschutz:
Vorschriften zur Sicherung des Lebens und der Gesundheit der Arbeiter beachten.

Lohnzahlung und Lohnschutz:
Lohn muß nach Tarif gezahlt werden. Tarifbestimmungen sind unabdingbar. Nur mit Genehmigung der zuständigen Behörden dürfen Lohnerhöhungen vorgenommen werden. Keine Waren als Lohn.
Bei Lohnabrechnung müssen Beiträge zur Sozialversicherung und Steuern einbehalten werden.
Bei mehr als 20 Arbeitnehmern sind Lohnzettel vorgeschrieben.

Kündigungsfristen:
Gesetzlich: für Handwerker 14 tägig,
für Angestellte 6 Wochen vor Quartal,
für die übrigen Personen Kündigungsfristen gleichlaufend mit Zeitraum für Lohnzahlung (täglich, wöchentlich, monatlich usw.).
Kündigungsfristen können auf Grund von Vereinbarungen beliebig festgelegt werden. Geschieht dies nicht, dann gelten die gesetzlichen Kündigungsfristen.
Fristlose Kündigung, wenn ein wichtiger Grund vorliegt.

Kündigungsschutz (gilt nicht für Berlin):
Bei Betrieben mit mehr als 10 Beschäftigten kann der Arbeitnehmer auf Widerruf der Kündigung klagen, wenn die Kündigung unbillig hart und nicht durch die Betriebsverhältnisse bedingt ist.
Arbeitgeber muß unter Umständen Entschädigung bis zur Höhe eines Jahresgehaltes zahlen.

Arbeitszeugnis:
Jeder Arbeitnehmer hat Anspruch darauf. Es muß auf Wunsch auf Führung und Leistung ausgedehnt werden. Es soll wahr sein, soll aber auch den Arbeitnehmer nicht unbillig schädigen und wiederum den neuen Arbeitgeber nicht täuschen.

Arbeitszeit:
Im allgemeinen Achtstundentag.

Mehrarbeit möglich:

a) bei Vor- und Abschlußarbeiten,
b) an 30 Tagen im Jahr auf Anordnung des Arbeitgebers,
c) nach Tarif,
d) mit Genehmigung des Gewerbeaufsichtsamtes,
e) infolge Notfällen,
f) bei abweichender Regelung für einzelne Betriebsangehörige.

Anspruch auf Mehrarbeitszuschlag (25%).

Ruhezeit
mindestens 11 Stunden.

Sonntagsruhe
gesetzlich festgelegt. Ausnahmen für bestimmte Gewerbe.

Arbeitspausen:
Männer bei 6—8 Stunden ½ Stunde oder zweimal je ¼ Stunde,
Frauen bei 4½—6 Stunden 20 Minuten,
6—8 Stunden ½ Stunde,
8—9 Stunden ¾ Stunde,
darüber 1 Stunde.

Frauenschutz:

Beschäftigungsverbot
für besonders schwere Arbeiten, z. B. in Kokereien, bei Transport und Verladung usw.

Höhstarbeitszeiten
a) bei Schwangerschaft und während der Stillzeit nur 48 Stunden wöchentlich,
b) bei Vor- und Abschlußarbeiten täglich nicht mehr als eine Stunde,
c) an Tagen vor Sonn- und Feiertagen nicht mehr als 8 Stunden.

Nachtruhe
20 Uhr abends bis 6 Uhr morgens,
Ausnahmen möglich.

Wochenende
Beschäftigung vor Sonn- und Feiertagen nicht länger als bis 17 Uhr.

Überwachung des Arbeitsschutzes
erfolgt durch Gewerbeaufsichtsamt.

Jugendschutz

Kinderarbeit:
Kinder sind Jugendliche bis zu 14 Jahren.
Kinderarbeit grundsätzlich verboten.
Ausnahmen: volksschulpflichtige Kinder über 12 Jahre in beschränktem Maße nur mit Arbeitskarte (2—4 Stunden, nicht vor dem Vormittagsunterricht),
nicht mehr volksschulpflichtige Kinder höchstens 6 Stunden, Lehrlinge voll.

Arbeit der Jugendlichen:

Jugendliche sind Personen zwischen 14 und 18 Jahren.

Arbeitszeit:

48 Stunden wöchentlich,
Berufsschulunterricht gilt als Arbeitszeit,
Verlängerung ist zulässig um ½ Stunde,
bei längerer Arbeitszeit muß Ausgleich erfolgen.

Mehrarbeit:

Grundsätzlich für Jugendliche verboten.

Ausnahmen:

bei Arbeitszeit mit ununterbrochenem Fortgang Verlängerung auf 52 Stunden wöchentlich möglich, nicht für Jugendliche unter 16 Jahren,
mit Genehmigung des Gewerbeaufsichtsamtes bis zu 10 Stunden täglich, 54 Stunden wöchentlich, nicht für Jugendliche unter 16 Jahren,
auf Grund einer Tarifordnung bis zu 10 Stunden täglich, 54 Stunden wöchentlich.

Ruhezeit:

12 Stunden,
Verkürzung auf 10 Stunden für Jugendliche über 16 Jahren möglich.

Ruhepausen:

bei Arbeitszeit von	4½—6 Std.	20 Minuten,
	6—8 Std.	½ Stunde,
	8—9 Std.	¾ Stunde,
über	9 Std.	1 Stunde.

Nachtruhe:

Beschäftigung zwischen 20 Uhr und 6 Uhr verboten, Ausnahmen möglich.

Sonntagsruhe:

grundsätzlich ist Beschäftigung Jugendlicher an Sonntagen verboten, Ausnahmen für bestimmte Gewerbe.

Freies Wochenende:

Beschäftigung Jugendlicher an Sonnabenden und Tagen vor Feiertagen nur bis 14 Uhr erlaubt, andernfalls Ausgleich.

Mehrarbeitsvergütung:

Anspruch besteht mit Ausnahme bestimmter Arbeiten, Lehrlinge erhalten keinen Mehrarbeitszuschlag.

Urlaub:

bis 16 Jahre 15 Werktage,
über 16 Jahre 12 Werktage, wenn nicht durch Urlaubsgesetze der Länder anders geregelt (24 Tage).

Pflichten des Arbeitgebers:

Führung von Verzeichnissen
über Personalien der Jugendlichen,
Verteilung der Arbeitszeit,
Ersatz des freien Wochenendes.

Aufsicht:
  Gewerbeaufsichtsamt.
Betriebsrätegesetz.
Zweck der Betriebsräte:
  Wahrung der beruflichen, wirtschaftlichen und sozialen Interessen der Arbeiter und Angestellten.
Wahl des Betriebsrates:
  nach demokratischen Grundsätzen mittels geheimer Abstimmung.
Aufgaben:
  Verhandlungen und Beratungen mit Arbeitgeber über
    Tarifvertrag und Betriebsordnung,
    Verbesserung der Arbeits- und Produktionsmethoden,
    Untersuchung von Beschwerden,
    Zusammenarbeit mit den Behörden,
    Schaffung und Leitung von sozialen Einrichtungen.
Rechte:
  Betriebsrat muß angehört werden und hat das Recht auf Einsichtnahme aller Unterlagen, die er für die Durchführung seiner Aufgaben braucht.
Arbeitsgericht:
  zuständig für alle Streitfälle aus Arbeitsverhältnissen,
  keine Anwälte zugelassen, Höhe des Streitwertes ist gleichgültig.
Landesarbeitsgerichte:
  für Berufungsklagen gegen Urteile der Arbeitsgerichte.
Verfahren in beiden Instanzen wie beim Zivilprozeß.

Sozialversicherung

(Dieses Kapitel gilt nicht für Berlin. Hierüber siehe Anhang.)

Die Sozialversicherung umfaßt die Krankenversicherung, die Unfallversicherung und die Invalidenversicherung.

Die maßgeblichen Bestimmungen sind in der Reichsversicherungsordnung (RVO) vom 19. 7. 1911 festgelegt. In neuer Fassung ist sie am 15. 12. 1924 herausgekommen und mit zahlreichen Änderungen heute noch in Kraft. Zusätzliche Änderungen sind im Sozialversicherungsanpassungsgesetz und den dazu gehörigen Durchführungsbestimmungen vom 27. 6. 1949 enthalten. Die nachstehenden Darlegungen berücksichtigen die Abänderungen in ihrer allgemeinen und letzten Fassung. Dies schließt aber nicht aus, daß durch örtliche Sonderregelungen diese oder jene Einzelheit geändert ist. Es empfiehlt sich daher für die Praxis, an Ort und Stelle die Wirksamkeit der einzelnen Bestimmungen noch einmal zu überprüfen. Maßgeblich hierfür sind die von den einzelnen Krankenkassen herausgegebenen Satzungen, Merkblätter, Beitragsberechnungstabellen usw.

Die Reichsversicherungsordnung ist somit das Grundgesetz für die Sozialversicherung. Sie gliedert sich in 6 Bücher. Diese enthalten:

1. Gemeinsame Vorschriften für alle Versicherungszweige sowie Vorschriften über
2. die Krankenversicherung,
3. die Unfallversicherung,
4. die Invalidenversicherung,
5. die Beziehungen der Versicherungsträger untereinander und zu den Versicherten,
6. das Verfahren in Versicherungsangelegenheiten (Behörden, Rechtsmittel usw.).

Für den Handwerker ist aus diesen Vorschriften wichtig zu wissen, daß im Versicherungswesen zwischen Versicherungsträgern und Versicherungsbehörden unterschieden wird.

Versicherungsträger sind diejenigen Stellen, die die Bestimmungen der betreffenden Versicherung durchführen. So sind die Krankenkassen Träger der Krankenversicherung, die Berufsgenossenschaften Träger der Unfallversicherung und die Landesversicherungsanstalten Träger der Invalidenversicherung.

Versicherungsbehörden dagegen sind diejenigen Stellen, die die Versicherungen verwalten, überwachen und in Streitfällen entscheiden.

Wir kennen

1. die Versicherungsämter,
2. die Oberversicherungsämter,
3. die Landesversicherungsämter.

Während also jede Versicherungsart einen anderen Träger hat, gelten die Versicherungsbehörden für alle Versicherungen. Sowohl bei Versicherungsträgern als auch bei Versicherungsbehörden sind Unternehmer und Versicherte an der Verwaltung beteiligt. (Vorstand, Ausschüsse, Spruch- und Beschlußausschüsse.)

Die Krankenversicherung

(RVO §§ 165—536)

Die Krankenversicherung wurde erstmalig im Jahre 1883 eingeführt.

Sie bietet Schutz bei vorübergehender Erkrankung und der damit verbundenen Arbeitsunfähigkeit.

Wie bereits erwähnt, liegt die Trägerschaft der Krankenversicherung bei den Krankenkassen.

Wir unterscheiden

1. Ortskrankenkassen,
2. Landkrankenkassen,

3. Betriebskrankenkassen,
4. Innungskrankenkassen,
5. Knappschaftskrankenkassen,
6. Ersatzkrankenkassen.

Die Ortskrankenkassen sind für Gemeinden oder Gemeindeverbände errichtet und betreuen die in ihrem Bezirk beschäftigten Versicherungspflichtigen.

Die Landkrankenkassen sind zuständig für Landarbeiter, Dienstboten, Hausgewerbetreibende, wenn diese im Landbezirk mindestens 1000 Pflichtmitglieder stellen. Sie bestehen in der Regel neben den Ortskrankenkassen, wenn diese ebenfalls mindestens 1000 Pflichtmitglieder haben.

Die Betriebskrankenkassen können bei Fabriken und größeren Betrieben eingerichtet werden, sofern mindestens 150 Pflichtmitglieder vorhanden sind.

Die Innungskrankenkassen können errichtet werden, wenn aus dem Kreis der beschäftigten Lehrlinge, Gesellen und Arbeiter mindestens 150 Versicherungspflichtige zur Verfügung stehen. Als Leiter der Innungskrankenkasse ist ein Handwerksmeister oder Geselle, den die Innung mit Zustimmung der Handwerkskammer beruft, tätig.

Die Knappschaftskrankenkassen sind für die im Bergbau beschäftigten Versicherungspflichtigen vorgesehen.

Die Ersatzkrankenkassen sind private Krankenkassen, die auf Grund besonderer Genehmigung die Pflichtkrankenkassen ersetzen können.

Die Versicherten

Versicherungspflicht

Versicherungspflichtig sind

a) Arbeiter, Gehilfen, Lehrlinge, Hausgehilfen ohne Rücksicht auf die Höhe ihres Einkommens,
b) Betriebsbeamte, Werkmeister und Angestellte in gehobener Stellung sowie Handlungsgehilfen und Hausgewerbetreibende, wenn ihr Jahreseinkommen den Betrag von DM 4500,— nicht übersteigt.

Eine besondere Regelung gilt für die sogenannten unständig Beschäftigten, das sind Personen, die in der Regel für weniger als eine Woche beschäftigt werden. Sie sind ebenfalls krankenversicherungspflichtig. Sie haben ihren Beitrag aber selbst abzuführen. Der auf ihre Arbeitgeber entfallende Beitrag ist durch ein besonderes Verfahren geregelt.

Meldepflicht

Jeder Versicherungspflichtige muß vom Arbeitgeber innerhalb 3 Tagen nach Beginn der Beschäftigung bei der Krankenkasse angemeldet werden und zwar auf einem vorgeschriebenen Formular. Ebenso muß der Arbeitgeber den Versicherungspflichtigen innerhalb 3 Tagen nach Beendigung des Arbeitsverhältnisses abmelden. Die Fristen sind genau zu beachten, da der Arbeitgeber für alle Schäden, die aus der Nichtbeachtung entstehen, aufkommen muß.

Außerdem ist der Arbeitgeber verpflichtet, jede Lohnänderung zu melden. Die Mitgliedschaft läuft vom Tage des Beginns der Beschäftigung bis zum Tage ihrer Beendigung.

Befreiung von der Versicherungspflicht

Die Befreiung von der Versicherungspflicht kann sowohl auf Grund gesetzlicher Bestimmungen als auch auf Antrag geschehen, aber nur für bestimmte Fälle.

Auf Grund gesetzlicher Bestimmungen sind von der Versicherungspflicht befreit:

1. Ehegatten, wenn sie im eigenen Betrieb mitarbeiten,
2. vorübergehende Dienste, die von nicht berufsmäßigen Arbeitern gelegentlich nicht länger als eine Woche oder von Lohnarbeitern nebenher gegen geringes Entgelt ausgeübt werden. Man erkundige sich bei der zuständigen Krankenkasse, wie hoch die Mindestverdienstgrenze ist.
3. Beamte im öffentlichen Dienst.

Auf Antrag können befreit werden:

1. Invalidenrentner oder Krankenkassenmitglieder, deren Ansprüche aus der Kasse erschöpft sind,
2. Lehrlinge im elterlichen Betrieb.

Nicht versicherungspflichtig ist auch das Arbeitsverhältnis von Meistersöhnen, die nur gegen Taschengeld beschäftigt werden.

Versicherungsberechtigung (freiwillige Versicherung)

Nachstehende Personengruppen können sich freiwillig gegen Krankheit versichern, wenn ihr jährliches Gesamteinkommen nicht höher als DM 3600,— ist:

1. Familienangehörige der Unternehmer, die ohne eigentliches Entgelt beschäftigt werden,
2. Gewerbetreibende, die in ihren Betrieben regelmäßig keinen oder höchstens 2 Versicherungspflichtige beschäftigen,
3. überlebende Ehegatten verstorbener Versicherter.

Recht auf Weiterversicherung (freiwillige Weiterversicherung)

Die Berechtigung zur Weiterversicherung besteht für Versicherte, die aus der versicherungspflichtigen Beschäftigung ausscheiden. Sie müssen binnen 3 Wochen nach Ausscheiden aus der Beschäftigung den Antrag auf Weiterversicherung bei der Krankenkasse stellen. Die freiwillige Weiterversicherung erlischt, wenn das Jahreseinkommen höher als DM 7200,— ist oder wenn zwei aufeinander folgende Beiträge nicht entrichtet werden. Man beachte, daß die Grenze für die freiwillige Selbstversicherung bei DM 3600,— und für die freiwillige Weiterversicherung bei DM 7200,— liegt.

Die Beitragsleistung

Die Beiträge richten sich nach der Höhe des Grundlohnes. Sie sind neuerdings je zur Hälfte vom Arbeitnehmer und Arbeitgeber aufzubringen (Sozialversicherungsanpassungsgesetz). Unter Grundlohn versteht man in der Regel das auf den Kalendertag entfallende Arbeitsentgelt, jedoch nur bis zum Betrage von DM 12,50, während ein überschießender Betrag außer Ansatz bleibt. Durch Satzung kann der Grundlohn auch nach Lohnstufen oder Mitgliederklassen festgelegt werden. Der Arbeitgeber hat die Beiträge auf Grund einer Tabelle zu ermitteln, vom Lohn abzuziehen und an die Krankenkasse zusammen mit seinem Anteil abzuführen. Freiwillige Versicherte zahlen den ganzen Beitrag selbst ein.

Bei Krankheitsfällen ruht die Beitragspflicht solange die Krankenkasse Krankenhilfe gewährt und Arbeitsunfähigkeit vorliegt.

Die Versicherungsleistungen

Bei den Versicherungsleistungen unterscheidet man Regelleistungen und Mehrleistungen.

Regelleistungen sind solche, auf die der Versicherte einen gesetzlichen Anspruch hat.

Unter Mehrleistungen verstehen wir Leistungen der Krankenkasse, die satzungsgemäß über die Regelleistungen hinaus gewährt werden können. Maßgebend für ihren Umfang ist der jeweilige Inhalt der Satzung der betreffenden Krankenkasse. Der Anspruch auf Regelleistungen entsteht mit der Mitgliedschaft.

Für freiwillig Versicherte und unständig Beschäftigte kann die Satzung eine Wartezeit und sonstige Beschränkungen festsetzen.

Als Regelleistungen sind anzusehen:

1. Krankenhilfe,
2. Wochenhilfe,
3. Sterbegeld,
4. Familienhilfe.

Bevor der Versicherte die Leistungen der Kasse in Anspruch nehmen kann, hat er einen Krankenschein zu lösen.

1. Krankenhilfe:

Sie erstreckt sich auf Krankenpflege und Krankengeld, auf Krankenhauspflege und Hausgeld, auf Hauspflege.

Krankenpflege umfaßt ärztliche Behandlung und Versorgung mit Arzneimitteln sowie mit Brillen, Bruchbändern und anderen kleinen Heilmitteln.

Krankengeld wird in Höhe des ½ Grundlohnes vom 4. Tage der Arbeitsunfähigkeit an für jeden Kalendertag der weiteren Arbeitsunfähigkeit gewährt. Das Krankengeld ruht, solange der Versicherte Arbeitsentgelt bezieht. Der Arbeitgeber hat dies nach Ablauf des dritten Kalendertages, vom Beginn der Arbeitsunfähigkeit an gerechnet, der Kasse zu melden. Krankengeld wird 26 Wochen lang gewährt, Krankenpflege unbegrenzt lange.

Bei Krankenhauspflege wird Hausgeld für unterhaltspflichtige Angehörige gewährt. Wenn Überführung ins Krankenhaus undurchführbar ist, kann Hauspflege durch einen Pfleger erfolgen.

2. Wochenhilfe für Mitglieder:

Jede weibliche Versicherte erhält nach Erfüllung einer gewissen Wartezeit gegebenenfalls

Geburtshilfe, Wochengeld für 10 Wochen und Stillgeld für 12 Wochen.

3. Sterbegeld:

Als Sterbegeld wird beim Tode des Versicherten der zwanzigfache Tagesgrundlohn bezahlt.

4. Familienhilfe:

Nach dreimonatiger Wartezeit können nicht selbst versicherte Familienmitglieder des Versicherten Familienkrankenhilfe erhalten. Diese besteht in ärztlicher Behandlung auf 13 Wochen und Ersatz der halben Arzneikosten.

Die weiblichen nicht selbst versicherten Familienmitglieder erhalten im gegebenen Falle Familienwochenhilfe. (Wochengeld 50 Pfg. und Stillgeld 25 Pfg. für jeden Kalendertag auf 10—12 Wochen.)

Die gewerbliche Unfallversicherung

(RVO §§ 537—919)

Der Unternehmer ist für alle Schäden haftbar, die seine Angestellten im Rahmen der Betriebsarbeit und bei Dienstleistungen auf seine Anordnung erleiden. Dabei wird der Weg nach und von der Arbeitsstätte, ferner die Beförderung und Verwahrung des Arbeitsgerätes mit als Beschäftigung im Betriebe angesehen. Gegen solche Schäden sind die Unternehmer durch die Unfallversicherung geschützt. Sie bezweckt Schutz gegen die durch Betriebsunfälle und Berufskrankheiten hervorgerufenen Körperschäden und Todesfälle. Außerdem gehören zu ihrem Aufgabengebiet Unfallverhütung, Heilfürsorge und Berufsfürsorge.

Träger der Unfallversicherung sind die Berufsgenossenschaften. Berufsgenossenschaften sind Vereinigungen von Unternehmern gleicher oder verwandter Berufe, die den Zweck verfolgen, ihre Arbeiter gegen Unfallschäden zu versichern. Jeder versicherungspflichtige Betrieb ist vom Unternehmer der Berufsgenossenschaft binnen 2 Wochen zu melden. Der Unternehmer ist verpflichtet, der Berufsgenossenschaft alle geforderten Angaben zu machen und wichtige Veränderungen in seinem Betrieb laufend anzuzeigen.

Versicherungspflichtig sind alle Betriebe, die Gesellen und Lehrlinge beschäftigen.

Der Kreis der Versicherten

In den unfallversicherungspflichtigen Betrieben sind alle Arbeiter, Gehilfen, Gesellen, Lehrlinge und Angestellten unfallversichert. Unternehmer und ihre im Betrieb tätigen Ehegatten können sich freiwillig versichern, sofern sie nicht durch die Satzung bereits unfallversichert sind.

Beitragsleistung

Die Beiträge werden von den Unternehmern allein aufgebracht und richten sich nach der Höhe der gezahlten Löhne und des Gefahrentarifs.

Versicherungsleistungen

Die Versicherungsleistungen werden fällig, wenn ein Betriebsunfall oder eine Berufskrankheit vorliegt.

Betriebsunfälle

Nach den gesetzlichen Bestimmungen zählen zu den Betriebsunfällen:

1. Unfälle im Rahmen der Betriebsarbeit, also auch Unfälle auf außerhalb des Betriebes gelegenen Arbeitsstätten, auf Wegen und Reisen für den Betrieb,
2. Unfälle auf dem Wege nach und von der Arbeitsstätte, sofern nicht ein Verschulden des Versicherten vorliegt,
3. Unfälle, die durch Verwahrung, Beförderung, Instandhaltung und Erneuerung des Arbeitsgeräts eintreten.

Sobald ein Betriebsunfall erfolgt, bei dem ein Betriebsangehöriger getötet oder voraussichtlich mehr als 3 Tage arbeitsunfähig wird, ist vom Unternehmer Unfallanzeige zu erstatten. Diese ist in doppelter Ausfertigung binnen 3 Tagen, bei tödlichen Unfällen sofort, bei der durch die Satzung der Berufsgenossenschaft bestimmten Stelle und dem Gewerbeaufsichtsamt einzureichen. Tödliche Unfälle sind sofort auch der Polizeibehörde zu melden.

Berufskrankheiten

Unter Berufskrankheiten versteht man Krankheiten, die durch Ausübung des Berufes verursacht werden, z. B. Blei-, Phosphor-, Quecksilber-, Arsen-, Kohlenoxyderkrankungen, Staublungenerkrankungen usw.

Tritt ein Versicherungsfall ein, dann springt zunächst die Krankenkasse ein. Die von ihr gewährten Leistungen werden ihr von der Berufsgenossenschaft ersetzt. Die Berufsgenossenschaft gibt dann der Krankenkasse bekannt, von wann ab sie selbst mit der Krankenbehandlung und Krankengeldzahlung beginnen will. Sie kann die Krankenkasse auch mit beiden Leistungen für dauernd beauftragen.

Die Leistungen im einzelnen

Sie erstrecken sich auf:

1. Krankenbehandlung,
2. Berufsfürsorge,

3. Verletztenrente,
4. Sterbegeld,
5. Hinterbliebenenrente.

Die Krankenbehandlung umfaßt ärztliche Behandlung, Versorgung mit Heilmitteln, Körperersatzstücken und anderen Hilfsmitteln. Auch die Sorge für Pflege wird übernommen.

Berufsfürsorge

Wenn die Verletzung es nötig macht, übernimmt die Versicherung die Kosten für die Umschulung des Versicherten in einen anderen Beruf sowie für seine Berufsausbildung. Sie leistet auch Hilfe bei Erlangung einer Arbeitsstelle.

Verletztenrente

Die Höhe der Rente richtet sich nach dem Grad der Erwerbsunfähigkeit und dem letzten Jahresarbeitsverdienst. (Jahresarbeitsverdienst = 300 Tagesverdienste, höchstens DM 7200,—)

Bei voller Erwerbsunfähigkeit werden $^2/_3$ des Jahresarbeitsverdienstes gezahlt. Man spricht dann von einer Vollrente.

Bei teilweiser Erwerbsunfähigkeit gibt es eine entsprechende Teilrente, die von der Vollrente aus berechnet wird.

Sterbegeld

An Sterbegeld werden $^1/_{15}$ des Jahresarbeitsverdienstes, mindestens DM 50,— gewährt. Wird von der Krankenkasse auch Sterbegeld gewährt, dann wird dieses angerechnet.

Hinterbliebenenrente

Die Hinterbliebenenrente beträgt im allgemeinen für die Witwe 20% des Jahresarbeitsverdienstes des Verstorbenen, ebenso erhält jedes Kind 20%. Insgesamt dürfen aber 80% des Jahresarbeitsverdienstes nicht überschritten werden.

Vorschriften zwecks Verhütung von Unfällen

Zwecks Unfallverhütung erlassen die Berufsgenossenschaften Vorschriften. Diese müssen vom Unternehmer im Betrieb ausgehängt werden. Außerdem geben die Berufsgenossenschaften Bestimmungen heraus über die Sicherung der Betriebsanlagen. Der Unternehmer hat die Durchführung zu überwachen und ist für diese verantwortlich.

Durch die Versicherung ist der Unternehmer gegen Schäden aus Unfällen seiner Angestellten im Betrieb gedeckt. Gegenüber betriebsfremden Personen jedoch haftet der Unternehmer, wenn er durch Fahrlässigkeit den Unfall verursacht hat. Deshalb ist der zusätzliche Abschluß einer Haftpflichtversicherung zu empfehlen.

Meldepflicht des Unternehmers

Um die Höhe des Beitrags festsetzen zu können, den der Unternehmer an die Berufsgenossenschaft zu leisten hat, muß von ihm innerhalb 6 Wochen nach

Beginn des Geschäftsjahres an den Vorstand der Berufsgenossenschaft eine Meldung eingereicht werden, die die Zahl der Beschäftigten, einen Lohnnachweis über die im zurückliegenden Jahre gezahlten Gesamtlöhne und die Angabe der Gefahrenklasse enthalten muß.

Die Invaliden- und Hinterbliebenenversicherung

(Rentenversicherung)

(RVO §§ 1226—1500 und Sozialversicherungsanpassungsgesetz)

Die Invalidenversicherung hat den Zweck, bei längerer oder dauernder 50—100%iger Erwerbsunfähigkeit Hilfe zu gewähren und nach dem Tode des Versicherten die Hinterbliebenen zu unterstützen. Außerdem gewährt sie dem Versicherten nach Vollendung des 65. Lebensjahres eine Altersrente.

Die Invalidenversicherung besteht seit dem Jahre 1889. Träger der Invalidenversicherung sind die Landesversicherungsanstalten.

Versicherungspflichtig

sind alle krankenversicherungspflichtigen Arbeiter, Gesellen, Gehilfen, Hausgehilfen, Lehrlinge und Hausgewerbetreibende.

Angestellte und Lehrlinge sind nur dann versicherungspflichtig, wenn sie nicht in die Angestelltenversicherung gehören.

Befreiung von der Versicherungspflicht

Das Gesetz befreit von der Versicherungspflicht:

1. Ehegatten im eigenen Betrieb,
2. Beschäftigung gegen freien Unterhalt,
3. Invalidenrentner,
4. vorübergehende Dienstleistungen (vgl. Krankenversicherung),
5. Lehrlinge mit weniger als 1/3 des ortsüblichen Barlohnes,
6. Lehrlinge mit Barlohn und freiem Unterhalt, wenn der Barlohn 1/6 des Ortslohnes nicht überschreitet.

Auf Antrag können von der Versicherungspflicht befreit werden:

1. Ruhegeldempfänger aus der Angestelltenversicherung,
2. Saisonarbeiter bis zu 12 Wochen,
3. Meistersöhne, die nur gegen Taschengeld im elterlichen Betrieb mitarbeiten,
4. Lehrlinge im elterlichen Betrieb,
5. künftige Ruhegeldempfänger aus Mitteln der öffentlichen Hand (Beamte).

Freiwillige Versicherung

Freiwillig versichern können sich alle Deutschen bis zum vollendeten 40. Lebensjahr.

Freiwillige Weiterversicherung

Wer mindestens 26 Pflichtwochenbeiträge entrichtet hat und aus der Versicherungspflicht ausscheidet, kann sich freiwillig weiterversichern, auch wenn er das 40. Lebensjahr überschritten hat.

Freiwillige Höherversicherung ist zulässig.

Beitragsleistung

Die Höhe der Beiträge richtet sich nach der Höhe des Wochenarbeitsverdienstes einschließlich Überstunden und sonstiger Zulagen.

Die Beiträge sind nach Beitragsklassen gestaffelt und zwar für alle Berufsgruppen mit Ausnahme der Hausgehilfinnen. Unternehmer und Versicherte tragen je den halben Beitrag. Die Beiträge werden vom Arbeitgeber zusammen mit den Beiträgen für die Krankenversicherung auf Grund einer Tabelle ermittelt und an die Krankenkasse mit abgeführt. Die früher für die Entrichtung von Beiträgen benützten Quittungskarten sind noch nicht wieder eingeführt.

Die Versicherungsleistungen

Für die Fälligkeit der Versicherungsleistung müssen vorliegen:

1. erfüllte Wartezeit,
2. aufrecht erhaltene Anwartschaft,
3. einschlägiger Versicherungsfall.

Wartezeit

Es sind Wartezeiten von 5, 10 und 15 Jahren vorgesehen.

Normale Wartezeit: 260 Pflichtbeitragswochen.

Wartezeit für freiwillig Versicherte: 520 Pflichtbeitragswochen.

Wartezeit für die Altersrente: 780 Beitragswochen. Als Ersatzzeiten gelten Wehr- und Arbeitsdienstzeiten.

Anwartschaft

Sie bedeutet Aufrechterhaltung der Versicherungsansprüche und gilt als erfüllt, wenn jährlich mindestens 26 Wochenbeiträge entrichtet sind.

Als Ersatzzeiten für die Anwartschaft gelten: Wehr- und Arbeitsdienstzeiten, Zeiten des Besuchs von Fachschulen, Hochschulen und anerkannten Berufsfortbildungskursen, Zeiten der Arbeitslosigkeit mit Unterstützungsempfang und Arbeitsunfähigkeit wegen Krankheit.

Versicherungsfälle:

1. Dauernde oder vorübergehende Invalidität. Als invalid ist derjenige anzusehen, der länger als 26 Wochen krank ist, also nicht mehr der Krankenversicherung angehört, und derjenige, der nicht mehr als die Hälfte seines gewöhnlichen Verdienstes erwerben kann (Sozialversicherungsanpassungsgesetz),
2. Vollendung des 65. Lebensjahres,
3. Tod des Versicherten.

Die Leistungen der Versicherung

Die Leistungen bestehen aus:

A. Invalidenrente,
B. Hinterbliebenenrente,
C. Heilverfahren.

A. Die Invalidenrente

Sie setzt sich zusammen aus dem Grundbetrag, dem Steigerungsbetrag und dem Kinderzuschuß.

Der Grundbetrag ist gesetzlich festgelegt.

Der Steigerungsbetrag richtet sich nach den bezogenen Entgelten und bezahlten Beiträgen. Entgelte über DM 3600,— im Jahre bleiben dabei unberücksichtigt. Die Mindestrente beträgt DM 50,— monatlich.

Der Kinderzuschuß richtet sich nach der Zahl der Kinder unter 18 Jahren. Er beläuft sich auf DM 150,— je Kind und Jahr, dazu jetzt ein Zuschlag von DM 5,— monatlich.

B. Die Hinterbliebenenrente

Beim Tode eines Versicherten werden im gegebenen Falle gewährt: Witwenrente, Waisenrente und Witwerrente.

Witwenrente wird gezahlt, wenn die Witwe 65 Jahre alt oder invalide ist oder wenn sie zur Zeit des Todes des Versicherten mehr als 3 Kinder bis zu 15 bzw. 18 Jahren zu erziehen hat.

Ehefrauen von Versicherten, die nach dem 31. Mai 1949 Witwe geworden sind, erhalten die Witwenrente ohne Einschränkung. Das Gleiche gilt für Ehefrauen von Versicherten, die vor dem 1. Juni 1949 Witwen geworden sind, vorausgesetzt, daß sie das 60. Lebensjahr vollendet haben.

Außerdem wird die Witwenrente gewährt, wenn die Witwe zur Zeit des Todes des Versicherten

1. dauernd oder vorübergehend invalid ist,
2. das 55. Lebensjahr vollendet und mindestens 4 Kinder geboren hat,
3. 4 waisenrentenberechtigte Kinder erzieht oder erzogen hat oder solange sie mindestens 2 waisenrentenberechtigte Kinder unter 6 Jahren erzieht.

Die Witwenrente setzt sich ebenfalls aus einem gesetzlich festgelegten Grundbetrag und einem Steigerungsbetrag zusammen. Mindestrente: DM 40,—.

Waisenrente wird gezahlt für Kinder des Verstorbenen bis zu 18 Jahren. Die Mindestrente beträgt DM 30,—.

Witwerrente kommt in Betracht für den erwerbsunfähigen Ehemann nach dem Tode einer versicherten Ehefrau, die den Lebensunterhalt ganz oder überwiegend bestritten hatte. Die Mindestrente beträgt DM 40,—.

C. Das Heilverfahren

Um Arbeitsunfähigkeit abzuwenden oder zu beseitigen, kann die Versicherung ein Heilverfahren einleiten.

Zusammenfassung:

Sozialversicherung

Grundlage: Reichsversicherungsordnung und Sozialversicherungs-Anpassungsgesetz.

Sie umfaßt
1. Krankenversicherung,
2. Unfallversicherung,
3. Invalidenversicherung.

Sie regelt
das Versicherungsverfahren.

Versicherungsträger
führen Bestimmungen der Versicherungen durch.
Krankenversicherung = Krankenkasse,
Unfallversicherung = Berufsgenossenschaft,
Invalidenversicherung = Landesversicherungsanstalten.

Versicherungsbehörden
verwalten, entscheiden und überwachen. Für alle Versicherungen gleich.
Versicherungsämter,
Oberversicherungsämter,
Landesversicherungsämter.
An sie sind Beschwerden und Einsprüche zu richten.

Krankenversicherung seit 1883.

Zweck: Hilfe bei Erkrankungen und Arbeitsausfall für die Versicherten und ihre Angehörigen.

Träger: Krankenkassen (Orts-, Land-, Betriebs-, Innungskrankenkassen, Knappschaftskrankenkassen, Ersatzkassen).

Versicherungspflichtig:
a) Lehrlinge, Gehilfen, Gesellen, Arbeiter, Dienstboten, gleichgültig welches Einkommen;
b) Betriebsbeamte, Werkmeister und Angestellte in gehobener Stellung sowie Handlungsgehilfen und Hausgewerbetreibende bis DM 4500,— Jahreseinkommen.

Besondere Regelung für unständig Beschäftigte.

Meldepflicht:
An- und Abmeldung durch Arbeitgeber innerhalb 3 Tagen.

Von Versicherungspflicht befreit:
1. Ehegatten im eigenen Betrieb,
2. vorübergehende Dienste,
3. Beamte im öffentlichen Dienst,
4. Lehrlinge im elterlichen Betrieb und Invalidenrentner (auf Antrag).

Freiwillige Versicherung und freiwillige Weiterversicherung möglich.

Beitragsleistung:

Höhe des Beitrags richtet sich nach Grundlohn. ½ Arbeitnehmer, ½ Arbeitgeber.

Leistungen:

Krankenhilfe (Krankenpflege unbegrenzt lange und Krankengeld 26 Wochen lang),
Wochenhilfe,
Sterbegeld,
Familienhilfe.

Unfallversicherung seit 1884.
Zweck: Schutz gegen Betriebsunfälle und Berufskrankheiten.
Träger: Berufsgenossenschaft.
Versicherungspflichtig:

alle Betriebe, die Gesellen und Lehrlinge beschäftigen.

Beitragsleistung:

Unternehmer zahlen Beitrag allein. Seine Höhe richtet sich nach der Gesamtlohnsumme und der Gefahrenklasse.

Leistungen:

Krankenbehandlung,
Berufsfürsorge,
Verletztenrente,
Sterbegeld,
Hinterbliebenenrente.

Weitere Aufgaben der Versicherung:

Unfallverhütung,
Berufsfürsorge.

Invaliden- und Hinterbliebenenversicherung seit 1889.
Zweck: Schutz bei Invalidität und im Alter.
Träger: Landesversicherungsanstalten.
Versicherungspflichtig:

alle Krankenversicherungspflichtigen mit Ausnahme der Angestellten und Lehrlinge, sofern diese in die Angestelltenversicherung gehören.

Befreit:

1. Ehegatten im eigenen Betrieb,
2. Beschäftigung gegen freien Unterhalt (kraft Gesetzes), Lehrlinge im elterlichen Betrieb und Meistersöhne, die nur gegen ein Taschengeld im väterlichen Betrieb mitarbeiten (auf Antrag),
3. Lehrlinge mit weniger als $^1/_3$ des ortsüblichen Barlohnes (kraft Gesetzes),
4. Lehrlinge mit Barlohn und freiem Unterhalt, wenn Barlohn $^1/_6$ des ortsüblichen Lohnes nicht übersteigt (kraft Gesetzes),
5. Saisonarbeiter bis zu 12 Wochen (auf Antrag),
6. vorübergehende Dienstleistungen (kraft Gesetzes).

Freiwillige Versicherung und freiwillige Weiterversicherung möglich.

Beitragsleistung:

Beitragshöhe richtet sich nach Höhe des Wochenarbeitsverdienstes. ½ Unternehmer, ½ Arbeitnehmer.

Beiträge werden aus einer Tabelle errechnet zusammen mit Krankenkassenbeiträgen.

Wartezeiten:

normal: 260 Pflichtbeitragswochen,

freiwillig Versicherte: 520 Pflichtbeitragswochen,

Altersrente: 780 Pflichtbeitragswochen.

Ersatzzeiten: Wehr- und Arbeitsdienstzeiten.

Anwartschaft:

jährlich sind mindestens 26 Wochenbeiträge zu leisten. Ersatzzeiten: Wehr- und Arbeitsdienstzeiten, Fachschulbesuch, Förderlehrgänge, Arbeitslosigkeit mit Unterstützungsempfang, Arbeitsunfähigkeit wegen Krankheit.

Versicherungsfälle:

1. Dauernde oder vorübergehende Invalidität, also wer mehr als 26 Wochen krank ist oder auf ½ erwerbsgemindert,
2. Vollendung des 65. Lebensjahres,
3. Tod des Versicherten.

Leistungen:

Invalidenrente,

Hinterbliebenenrente,

- Witwenrente,
- Witwerrente,
- Waisenrente,

Heilverfahren,

um Arbeitsunfähigkeit zu vermeiden oder zu beseitigen.

Die Arbeitslosenversicherung

(gilt nicht für Berlin)

Versicherungspflichtig sind alle Personen, die zur Krankenversicherung und zur Angestelltenversicherung pflichtversichert sind. Lehrlinge sind von der Versicherungspflicht befreit.

Die Beiträge werden von Arbeitgebern und Arbeitnehmern je zur Hälfte aufgebracht und zusammen mit den Beiträgen zur Krankenversicherung auf Grund einer Tabelle errechnet und an die Krankenkasse vom Arbeitgeber mit abgeführt. Wer ohne eigenes Verschulden arbeitslos geworden ist, aber arbeitsfähig und arbeitswillig ist, erhält, wenn ihm keine Arbeit zugewiesen werden kann, Arbeitslosenunterstützung.

Die Leistung der Versicherung besteht aus der sogenannten Hauptunterstützung, zu der Familienzuschläge treten können. Außerdem sorgt die Versicherung dafür, daß der Arbeitslose krankenversichert und in der Anwartschaft bei der Invaliden- bzw. Angestelltenversicherung bleibt.

Bei Verkürzung der Arbeitszeit wegen Arbeitsmangel wird Kurzarbeiterunterstützung gewährt.

Wenn der Versicherte ausgesteuert ist, d. h. wenn der Anspruch auf Versicherungsleistungen erschöpft ist, erhält er Arbeitslosenfürsorge, wenn Bedürftigkeit vorliegt.

Anträge auf Gewährung von Arbeitslosenunterstützung usw. sind beim Arbeitsamt zu stellen.

Die Altersversorgung des Handwerks

(gilt nicht für Berlin)

Durch das Gesetz über die Altersversorgung des deutschen Handwerks vom 21. 12. 1938 sind alle in die Handwerksrolle eingetragenen Handwerker und Handwerkerinnen ohne Rücksicht auf die Höhe ihres Einkommens versicherungspflichtig.

Diese Maßnahme ist im Interesse des Handwerks sehr zu begrüßen, da der selbständige Handwerker vielfach nicht so viel aufbringen kann, daß er von den Zinsen seines Vermögens im Alter leben kann.

Der Grundgedanke des Gesetzes beruht darauf, den Handwerker im Alter irgendwie zu sichern. Deshalb bleibt es dem einzelnen freigestellt, sich entweder durch eine Lebensversicherung in Höhe von mindestens 5000,— DM von der Versicherungspflicht zu befreien oder sich der Angestelltenversicherung anzuschließen. Ja, es ist sogar der Mittelweg möglich, nämlich eine sogenannte Halbversicherung abzuschließen. In diesem Falle muß die Lebensversicherung mindestens DM 2500,— betragen und die Angestelltenversicherung zur Hälfte herangezogen werden. Ehe sich der Handwerker für eine der drei Möglichkeiten entschließt, empfiehlt es sich, mit der handwerklichen Organisation den zweckmäßigen Weg zu erörtern.

Inhaber von handwerklichen Nebenbetrieben fallen nicht unter die Versicherungspflicht. Auch das Schornsteinfegerhandwerk scheidet aus, da es sich eine eigene Altersversorgung auf Pflichtgrundlage geschaffen hat.

Die Witwe eines selbständigen Handwerkers, die den Betrieb nach dem Tode ihres Ehemannes fortführt, ist auf Antrag ebenfalls versicherungsfrei, wenn sie das Geschäft nur auf ein Jahr weiterführt oder nachweist, daß sie aus einer anderen Versicherung eine Rente bezieht oder im Genuß von Leistungen steht, die aus einem Lebensversicherungsvertrag ihres Mannes stammen. Diese müssen dann allerdings den Pflichtleistungen der gesetzlichen Altersversorgung entsprechen.

Außerdem sind alle diejenigen Handwerker von der Versicherungspflicht befreit, die am 1. Januar 1939 das 60. Lebensjahr vollendet haben.

Da die Handwerker in vielen Fällen sich der

Angestelltenversicherung

anschließen, sei hier auf diese etwas näher eingegangen.

Anmeldung und Beitragsleistung

Die Anmeldung der Handwerker erfolgt bei den Kreishandwerkerschaften gegen Vorlage der Handwerkskarte.

Der Handwerker erhält von dort eine Versicherungskarte. In diese werden monatlich Beitragsmarken eingeklebt, die bei den Postanstalten gekauft werden können. Die Marken sind durch Eintragung des Datums zu entwerten.

Die Höhe der Beiträge richtet sich nach dem Gesamteinkommen des Handwerkers. Die Beiträge sind nach Klassen gestaffelt.

Klasse	A	bis	DM 600,—	Jahreseinkommen	Beitrag	DM	2,—	monatlich
„	B	„	„ 1200,—	„	„	„	4,—	„
„	C	„	„ 2400,—	„	„	„	8,—	„
„	D	„	„ 3600,—	„	„	„	12,—	„
„	E	„	„ 4800,—	„	„	„	16,—	„
„	F	„	„ 6000,—	„	„	„	20,—	„
„	G	über	„ 6000,—	„	„	„	25,—	„

Für freiwillige Höherversicherung gibt es noch die

Klasse	H	Beitrag	DM	30,—	monatlich
„	I	„	„	40,—	„
„	K	„	„	50,—	„

Versicherungsleistungen:

A. Ruhegeld

Jährlicher Grundbetrag DM 444,—. Dazu kommt ein Steigerungsbetrag, dessen Höhe sich nach Zahl und Höhe der Beiträge richtet. Zur Invalidenversicherung gezahlte Beiträge werden in einem bestimmten Verhältnis angerechnet.

B. Hinterbliebenenrente

1. Witwenrente für die Witwe bis zu ihrem Tode oder ihrer Wiederverheiratung in Höhe von $^5/_{10}$ des Ruhegeldes,
2. Waisenrente für Kinder bis zu 15 evtl. 18 Jahren je $^4/_{10}$ des Ruhegeldes ohne Kinderzuschuß.

C. Heilverfahren

wenn Arbeitsfähigkeit wieder erlangt werden soll.

Voraussetzungen für die Versicherungsleistungen

Wartezeit:

normal: 60 Pflichtbeitragsmonate,
bei freiwilliger Versicherung: 120 Monate,
bei Altersruhegeld: 180 Monate,

Beiträge zur Invalidenversicherung werden in einem bestimmten Verhältnis angerechnet.

Ersatzzeiten wie bei der Invalidenversicherung.

Anwartschaft:

Sie gilt als aufrecht erhalten, wenn jährlich mindestens 6 Monatsbeiträge entrichtet werden.

Wehrdienst oder Teilnahme an einem vom Versicherungsamt anerkannten beruflichen Lehrgang gelten als Ersatzzeiten.

Versicherungsfälle:

1. Dauernde oder nach 26wöchiger Dauer noch fortbestehende Berufsunfähigkeit,
2. Vollendung des 65. Lebensjahres,
3. Tod des Versicherten.

Zusammenfassung:

Grundlage: Gesetz über die Altersversorgung des deutschen Handwerks vom 21. 12. 38.

Versicherungspflichtig:

alle in die Handwerksrolle eingetragenen Handwerker und Handwerkerinnen.

Ausnahme:

1. Handwerker, die am 1. Januar 1939 über 60 Jahre alt waren,
2. Inhaber von handwerklichen Nebenbetrieben,
3. Handwerkerwitwe,
   a) wenn sie nicht länger als 1 Jahr das Geschäft weiter betreibt,
   b) wenn sie Rente genießt,
   c) wenn sie im Genuß einer Lebensversicherung des Verstorbenen steht, die der gesetzlichen Grundlage entspricht.

Handwerker hat drei Möglichkeiten:

1. Abschluß einer Lebensversicherung in Höhe von mindestens DM 5000,—
2. Eintritt in die Angestelltenversicherung,
3. Abschluß einer Halbversicherung: Lebensversicherung mit DM 2500,— und halbe Versicherung in der Angestelltenversicherung.

Rechtskunde

Gewisse rechtskundliche Kenntnisse gehören, wenn auch in bescheidenem Umfange, zum notwendigen Wissensgut des werktätigen Menschen. Es gilt, sie ihm wenigstens so weit zu vermitteln, daß er vor Schäden aus falschen Rechtsauffassungen und Rechtsirrtümern bewahrt bleibt.

Das wichtigste Gesetz, das hierbei im Vordergrunde steht, ist das Bürgerliche Gesetzbuch. Es ist im Jahre 1900 in Kraft getreten und stellt ein einheitliches deutsches Zivilrecht dar, d. h. es regelt einheitlich die Rechtsbeziehungen der einzelnen Staatsbürger untereinander. Es besteht aus folgenden 5 Büchern:

1. Buch: Allgemeiner Teil,
2. Buch: Recht der Schuldverhältnisse (Verträge),
3. Buch: Sachenrecht,
4. Buch: Familienrecht,
5. Buch: Erbrecht.

Für den Handwerker sind die drei ersten Bücher von besonderer Bedeutung.

Das Bürgerliche Gesetzbuch beschäftigt sich zunächst mit der Person, dem Menschen, und prägt dabei die Begriffe der Rechtsfähigkeit und der Handlungsfähigkeit, die die Deliktsfähigkeit und Geschäftsfähigkeit in sich einschließt.

A. Rechtsfähigkeit

Man versteht darunter die Fähigkeit, Träger von Rechten und Pflichten zu sein. Sie beginnt nach den Bestimmungen des Bürgerlichen Gesetzbuches mit der Geburt und endet mit dem Tode. Daraus folgt, daß schon der Säugling Rechte und Pflichten haben, somit vor Gericht klagen oder verklagt werden kann. Es ergibt sich aber ebenso daraus, daß mit dem Tode auch alle Ansprüche und Forderungen an den Verstorbenen erlöschen, da ja seine Rechtsfähigkeit nicht mehr besteht. Auch bei der Erbschaft spielt die Rechtsfähigkeit eine Rolle.

Neben der natürlichen Person des Menschen kennt das Bürgerliche Gesetzbuch auch noch juristische Personen. Das sind nun nicht etwa Rechtsanwälte oder Richter, wie manchmal irrtümlicherweise angenommen wird, sondern eingetragene Vereine, Stiftungen usw. Sie erlangen die Rechtsfähigkeit durch Eintragung in das gesetzlich vorgeschriebene Register (z. B. Vereinsregister).

B. Handlungsfähigkeit

Sie ist die Fähigkeit, rechtswirksam handeln zu können und dafür verantwortlich zu sein.

Die Handlungsfähigkeit umfaßt die Deliktsfähigkeit und die Geschäftsfähigkeit.

a) Deliktsfähigkeit

ist die Fähigkeit, für unerlaubte Handlungen verantwortlich zu sein.

1. Deliktsunfähig sind Kinder unter 7 Jahren.
2. Bedingt deliktsfähig sind Personen von 7—18 Jahren.
3. Voll deliktsfähig sind Personen über 18 Jahre.

Daraus folgt, daß alle Personen zwischen 7 und 18 Jahren nicht voll deliktsfähig sind und deshalb vor das Jugendgericht gehören. Für den Handwerker ist dies im Hinblick auf die Lehrlingshaltung wichtig.

Bemerkt sei hierzu noch, daß Personen unter 18 Jahren für voll deliktsfähig angesehen werden können, wenn ihnen die für ihre Handlung nötige Einsicht zugesprochen werden kann.

b) Geschäftsfähigkeit

ist die Fähigkeit, durch eigenen Willen Rechtsgeschäfte zu begründen. Die Lebensjahre 7, 18 und 21 spielen hier eine Rolle.

1. Volle Geschäftsfähigkeit

Bekanntlich wird man mit Vollendung des 21. Lebensjahres mündig und damit voll geschäftsfähig. Personen unter 21 Jahren werden als Minderjährige bezeichnet. In besonders gelagerten Fällen können Minderjährige, sofern sie das 18. Lebensjahr vollendet haben, durch Beschluß des Vormundschaftsgerichts für volljährig erklärt werden.

2. Beschränkte Geschäftsfähigkeit

Beschränkt geschäftsfähig sind Personen vom 7. bis zur Vollendung des 21. Lebensjahres. Sie bedürfen zu rechtswirksamen Handlungen der Zustimmung ihres gesetzlichen Vertreters. So muß z. B. der Lehrvertrag nicht nur allein vom Lehrmeister und dem Lehrling, sondern auch vom gesetzlichen Vertreter unterschrieben werden. Auch kann der Lehrling nicht von sich aus das Lehrverhältnis beenden oder ändern, selbst wenn der Lehrmeister dies billigt. Zur Übernahme eines selbständigen Handwerksbetriebes bedarf ein Minderjähriger neben der Zustimmung des gesetzlichen Vertreters auch noch der Genehmigung des Vormundschaftsgerichts. Dann erst ist er im Rahmen des Geschäftsbetriebes voll geschäftsfähig. Will ein Minderjähriger ein Arbeits- oder Dienstverhältnis eingehen, dann braucht er auch hierzu die Zustimmung seines gesetzlichen Vertreters. Wird sie erteilt, dann ist er für alle sich aus dem Arbeitsverhältnis ergebenden Rechtshandlungen voll geschäftsfähig und braucht bei Stellenwechsel keine weiteren Zustimmungen.

Die beschränkte Geschäftsfähigkeit bezieht sich aber nicht nur auf Personen zwischen 7 und 21 Jahren. Sie erstreckt sich auch auf Personen ohne Rücksicht auf deren Lebensalter, die wegen Geistesschwäche, Trunksucht oder Verschwendungssucht entmündigt sind. Diese Personen brauchen zum Abschluß von Geschäften die Zustimmung ihres Vormundes.

Deshalb ist bei Abschluß von Geschäften mit Minderjährigen und Entmündigten besondere Vorsicht geboten.

3. Geschäftsunfähigkeit

Geschäftsunfähig sind Kinder unter 7 Jahren, dauernd Geisteskranke und wegen Geisteskrankheit Entmündigte. Sie können Geschäfte überhaupt nicht abschließen.

Zusammenfassung:

Rechtsfähigkeit ist die Fähigkeit, Rechte und Pflichten zu haben. Sie beginnt mit der Vollendung der Geburt und endet mit dem Tode.

Geschäftsfähigkeit ist die Fähigkeit, Rechtsgeschäfte abschließen zu können. Bedeutsam sind die Lebensjahre 7, 18, 21.

Geschäftsunfähig: Kinder unter 7 Jahren, dauernd Geisteskranke.

Mit Geschäftsunfähigen können Rechtsgeschäfte nicht abgeschlossen werden.

Beschränkt geschäftsfähig: Minderjährige vom 7. bis zum 21. Lebensjahr sowie Volljährige, die wegen Geistesschwäche, Verschwendungssucht oder Trunksucht entmündigt wurden. Sie bedürfen zum Abschluß von Geschäften der Zustimmung des gesetzlichen Vertreters.

Voll geschäftsfähig: Personen, die das 21. Lebensjahr vollendet haben, Minderjährige, die das 18. Lebensjahr vollendet haben und durch Beschluß des Vormundschaftsgerichts für volljährig erklärt worden sind.

Sie können selbständig Rechtsgeschäfte abschließen, weil sie rechtsfähig und geschäftsfähig sind.

Rechtsgeschäfte

Die Geschäfte, die von geschäftsfähigen Personen abgeschlossen werden, bezeichnet das Bürgerliche Gesetzbuch als Rechtsgeschäfte.

Man versteht unter Rechtsgeschäften Willenserklärungen, die Rechtsfolgen nach sich ziehen können oder sollen. Erfolgt die Willenserklärung nur von einer Seite, dann handelt es sich um ein einseitiges Rechtsgeschäft, z. B. bei einer Schenkung oder einem Testament. Immer bleibt dabei abzuwarten, wie sich die andere Seite, an die die Willenserklärung gerichtet ist, dazu stellt. So kann z. B. eine Schenkung abgelehnt, ein Testament ausgeschlagen werden. Letzteres hat dann innerhalb 3 Monaten nach Bekanntwerden des Todes des Erblassers zu Protokoll bei Notar oder Gericht zu erfolgen, wenn es wirksam sein soll. Dies ist zu beachten, da man ja nicht nur das Vermögen, sondern auch die Schulden erbt. Daher müssen alle Willenserklärungen, die an jemand herangebracht werden, sorgfältig geprüft werden.

Die weitaus häufigere Zahl von Rechtsgeschäften sind mehrseitige Rechtsgeschäfte oder Verträge. Es sind dies dann übereinstimmende wechselseitige Willenserklärungen von mindestens zwei Personen.

Verträge spielen im täglichen Leben eine ausschlaggebende Rolle. Wir müssen sie deshalb sowohl im allgemeinen als auch im einzelnen etwas näher betrachten.

Welche Voraussetzungen müssen Verträge im allgemeinen erfüllen, damit sie gültig sind?

1. Verträge dürfen nur von Personen abgeschlossen werden, die geschäftsfähig sind. Deshalb müssen die im vorigen Kapitel angegebenen Bestimmungen über die Geschäftsfähigkeit beachtet werden.
2. Verträge müssen übereinstimmende wechselseitige Willenserklärungen enthalten.
3. Verträge müssen der gesetzlich vorgeschriebenen Form entsprechen.

4. Verträge dürfen nicht gegen Gesetz und gute Sitten verstoßen.
5. Verträge dürfen nicht mangelhaft sein, d. h. sie dürfen nicht etwa geschlossen worden sein mit dem geheimen Vorbehalt, daß sie nicht gehalten werden sollen.
6. Verträge dürfen kein Scheingeschäft zum Gegenstand haben, und es dürfen nicht etwa sogenannte Scherzgeschäfte zugrunde liegen.

Hieraus ergibt sich schon, daß man bei Abfassung von Verträgen recht vorsichtig sein muß. Dies gilt schon allein im Hinblick auf die Form der Verträge. Zwar sind Verträge im allgemeinen formfrei. Sie können also mündlich oder schriftlich abgeschlossen werden. Jedoch knüpft das Gesetz an bestimmte Tatbestände auch bestimmte Formen. Da dem Nichteingeweihten die hierfür geltenden Bestimmungen nicht geläufig sind, außerdem die abgesprochene Vereinbarung oft hinterher verdreht wird, empfiehlt sich bei Abmachungen von einiger Bedeutung immer die Schriftform, d. h. der Vertrag wird schriftlich abgeschlossen und eigenhändig durch Namensunterschrift unterzeichnet.

Gesetzlich ist die Schriftform vorgeschrieben bei:

a) Miet- und Pachtverträgen, die längere Laufzeit haben als ein Jahr,
b) Bürgschaftserklärungen,
c) Abtretung einer Hypothekenforderung,
d) Lehrverträgen,
e) Schuldversprechungen und Schuldanerkenntnissen,
f) Quittungen,
g) Testamenten usw.

Neben der Schriftform kennt das Gesetz noch die Form der öffentlichen Beglaubigung. Die öffentliche Beglaubigung erfordert ebenfalls einen schriftlichen Vertrag und außerdem die Beglaubigung der Unterschrift durch Notar, Amtsgericht oder andere zuständige Behörden. Hierbei müssen die Unterzeichner des Vertrags sich durch ihre Personalpapiere vor der Unterzeichnung besonders ausweisen.

Die öffentliche Beglaubigung ist erforderlich u. a.:

a) bei Eintragung ins Güterrechtsregister,
b) im Grundstücksverkehr,
c) bei Löschung einer Schuld.

Durch die öffentliche Beglaubigung genießen die Unterschriften öffentlichen Glauben, d. h. sie sind nicht anfechtbar. Der Vertragsinhalt wird dabei nicht berührt, der Vertrag bleibt eine Privaturkunde.

Die noch stärkere Vertragsform ist die der gerichtlichen oder notariellen Beurkundung. Hier wird der Vertrag als öffentliche Urkunde aufgenommen. Besondere Vorschriften sind hierbei zu beachten. Die aufgenommene Urkunde genießt öffentlichen Glauben. Sie ist vorgeschrieben bei:

a) Grundstücksverkauf,
b) Vermögensübertragung,
c) Schenkungsversprechen,
d) Erbschaftskauf.

Für ganz weittragende und wichtige Abmachungen ist der Abschluß des Vertrages vor einer Behörde vorgeschrieben. Hierher gehören:

a) die Eheschließung vor dem Standesbeamten,

b) die Annahme an Kindesstatt vor Notar oder Gericht,

c) die Auflassung bei der Grundstücksübertragung beim Grundbuchamt.

Die im Vertrage abgegebenen Willenserklärungen dürfen nicht gegen Gesetz und gute Sitten verstoßen. Es liegt auf der Hand, daß Verträge, die gegen das Gesetz verstoßen, ungültig sind. Kein rechtlich denkender Mensch wird solche abschließen. Man muß aber trotzdem vorsichtig sein und bei Abschluß eines Vertrages prüfen, ob nicht doch etwa Abmachungen darin enthalten sind, die gegen irgend eine Vorschrift, die man nicht kennt, verstoßen (z. B. Preis- und Devisenvorschriften, Bestimmungen über Mietrecht usw.).

Auch über den Begriff der guten Sitten herrscht vielfach Unklarheit. Das Unsittliche im engeren Sinne ist ohne weiteres erkennbar. Das Gesetz hat aber den Begriff viel weiter gezogen. So gehört z. B. der Wucher zu den Verstößen gegen die guten Sitten, die einen Vertrag ohne weiteres ungültig machen. Dabei entsteht die Frage, wo der Wucher anfängt und wo er aufhört. Das Hauptmerkmal bleibt immer der durch Ausbeutung der Notlage von einem anderen errungene Vermögensvorteil.

Wie schon erwähnt, dürfen die abgegebenen Willenserklärungen nicht mangelhaft sein. Sie dürfen nicht mit einem geheimen Vorbehalt abgegeben werden, d. h. der betreffende Vertragspartner darf sich nicht bei Abgabe seiner Erklärungen vorgenommen haben, diese nicht zu halten. Es darf den abgegebenen Willenserklärungen auch kein Scheingeschäft zugrunde liegen. Mitunter werden Verträge nur zum Schein geschlossen, um ein anderes Geschäft zu verbergen. In diesem Falle ist das Scheingeschäft ungültig, das verdeckte Geschäft wird aber gültig, wenn nicht bestimmte Erfordernisse außer acht gelassen wurden. Auch Willenserklärungen, die sich auf Scherz oder Prahlerei beziehen, sind ungültig.

Nach Betrachtung dieser rechtlichen Seiten des Vertrages muß man beachten, daß er auch ein wirtschaftlich praktisches Gesicht hat. Aus der Erfahrung heraus empfiehlt es sich dringend, sich die Person des Vertragspartners erst genau anzusehen. Der beste Vertrag nützt nichts, wenn man es mit einem kriminellen Betrüger zu tun hat.

Auch ist es erforderlich, daß der Vertragsinhalt für beide Teile annehmbar ist und nach menschlichem Ermessen gehalten werden kann. Wenn man dem Vertragspartner Lasten oder Zumutungen auferlegt, die er beim besten Willen nicht tragen kann, dann geht der beste Vertrag zu Bruch.

Gerade aus diesen Erwägungen ergibt sich, daß der Gesetzgeber auch Möglichkeiten geschaffen hat, aus einem Vertrag wieder herauszukommen, wenn er bereits abgeschlossen ist.

Für die Ungültigkeit eines Vertrages kennt das Gesetz die Nichtigkeit, die Anfechtbarkeit und die Unwirksamkeit.

Die Nichtigkeit ist gegeben bei Verträgen,

a) die von einem Geschäftsunfähigen abgeschlossen wurden,
b) denen Schein- oder Scherzgeschäfte zugrunde liegen,
c) die gegen die vorgeschriebene Form verstoßen,
d) die gegen Gesetz und gute Sitten verstoßen.

Wird ein Vertrag für nichtig erklärt, dann wird so getan, als hätte er nie bestanden. Es ergeben sich also aus ihm keinerlei Rechtsfolgen.

Die Anfechtbarkeit kann geltend gemacht werden:

a) bei Irrtum,
b) bei arglistiger Täuschung,
c) bei Drohung.

Man kann also einen Vertrag anfechten, wenn man sich bei Abschluß des Vertrages über den Vertragsinhalt geirrt hat und wenn anzunehmen ist, daß man den Vertrag nicht abgeschlossen hätte, wenn man den Vertragsinhalt richtig gekannt hätte. Die Praxis zeigt, daß die erforderlichen Beweise nicht immer leicht zu führen sind, die Anfechtbarkeit über den Irrtum ist deshalb oft schwierig. Zudem muß beachtet werden, daß die Anfechtung wegen Irrtums sofort bei Feststellung des Irrtums erfolgen muß.

Soll als Anfechtungsgrund arglistige Täuschung gelten, so muß bewiesen werden, daß der Vertragspartner unter Vorspiegelung falscher Tatsachen oder unter Verschweigung wahrer Tatsachen getäuscht worden ist.

Daß ein Vertrag anfechtbar ist, wenn die Unterschrift des Vertragspartners erzwungen wurde, ist ohne weiteres einleuchtend.

Die Anfechtung wegen arglistiger Täuschung oder Drohung muß innerhalb eines Jahres seit Kenntnisnahme erfolgen. Wird ein Vertrag mit Erfolg angefochten, dann ist er nichtig. Er hat aber vorher rechtsgültig bestanden. Demzufolge könnte er weiter gelten, wenn er nicht angefochten worden wäre, ganz im Gegensatz zur Nichtigkeit, die den Vertrag überhaupt als niemals bestehend ansieht.

Die Unwirksamkeit

ist gegeben, wenn Verträge für ihre Gültigkeit noch die Zustimmung einer anderen Person bedürfen. Sie sind als schwebend unwirksam anzusehen, gelten also noch nicht. Dies ist z. B. der Fall, wenn noch die Zustimmung des gesetzlichen Vertreters für einen beschränkt Geschäftsfähigen fehlt.

Wird die Genehmigung nachträglich erteilt, wird der Vertrag gültig, wird sie dagegen verweigert oder kann sie aus anderen Gründen nicht beigebracht werden, dann ist der Vertrag nichtig.

Zusammenfassung:

Rechtsgeschäfte sind Willenserklärungen, die Rechtsfolgen nach sich ziehen können oder sollen.

Es gibt einseitige Rechtsgeschäfte (Testament) und mehrseitige Rechtsgeschäfte (Verträge).

Verträge sind übereinstimmende wechselseitige Willenserklärungen von mindestens zwei Personen, die Rechtsfolgen nach sich ziehen.

Voraussetzungen für Gültigkeit:

1. Vertragspartner müssen geschäftsfähig sein,
2. Verträge müssen übereinstimmende wechselseitige Willenserklärungen enthalten,
3. Vertrag muß vorgeschriebener Form entsprechen,
4. Vertrag darf nicht gegen Gesetz und gute Sitten verstoßen,
5. Vertrag darf nicht mit geheimem Vorbehalt abgeschlossen worden sein,
6. Vertrag darf nicht ein Schein- oder Scherzgeschäft zum Gegenstand haben.

Vertragsformen:

1. Schriftform (z. B. Lehrvertrag),
2. Öffentliche Beglaubigung (z. B. Eintragung ins Güterrechtsregister),
3. Gerichtliche oder notarielle Beurkundung (z. B. Grundstücksverkauf),
4. Abschluß vor einer Behörde (z. B. Eheschließung vor dem Standesamt).

Auflösung eines Vertrags:

1. durch Nichtigkeit
   bei Abschluß mit Geschäftsunfähigen,
   bei Schein- oder Scherzgeschäften,
   bei Verstoß gegen Formvorschriften,
   bei Verstoß gegen Gesetz und gute Sitten.

Vertrag hat dann niemals bestanden, keinerlei Rechtsfolgen aus ihm.

2. durch Anfechtung
   bei Irrtum (sofort anfechten),
   bei arglistiger Täuschung (Anfechtungsfrist 1 Jahr),
   bei Drohung (Anfechtungsfrist 1 Jahr).

Verjährungsfrist 30 Jahre nach Abschluß des Vertrags. Vertrag wird nach Rechtskraft des Urteils ungültig.

3. durch Unwirksamkeit (Schwebezustand)
   bei Fehlen einer noch ausstehenden Zustimmung.

Die Verträge im einzelnen

Der Kaufvertrag

Beim Kauf handelt es sich darum, daß der Verkäufer sich mit dem Käufer über die Verkaufsbedingungen einigt, ihm dann die verkaufte Sache zum Eigentum übergibt und der Käufer Zahlung dafür leistet. Die Grundlagen des Kaufes beruhen also auf Einigung und Übergabe. Bei Grundstücken steht die Eintragung im Grundbuch der Übergabe gleich.

Man kann also sagen:
Der Kaufvertrag ist eine Abmachung zwischen Verkäufer und Käufer, nach welcher der Käufer dem Verkäufer eine Sache zum Eigentum übergibt, der Käufer die Sache annimmt und bezahlt.

Der Kaufvertrag setzt sich aus Angebot und Annahme zusammen. Diese beiden Rechtszüge sind das, was wir im Falle der Annahme als Einigung bezeichnet haben. Wenn ein Handwerker ein Angebot erhält und er nimmt es ohne Verzögerung an, dann ist der Anbietende daran gebunden. Will dieser aber ein Angebot ohne diese Verpflichtung machen, dann muß er das Angebot ausdrücklich als freibleibend bezeichnen.

Hinsichtlich der Zahlung ist allgemein bestimmt, daß diese an dem Orte zu erfolgen hat, wo der Schuldner wohnt bzw. wo er seinen Gewerbebetrieb hat. Er muß dann auch bei Nichterfüllung seiner Verpflichtungen am gleichen Ort verklagt werden.

Dies würde in der Praxis oft zu Schwierigkeiten führen, weshalb fast immer der Ort, der sich aus der Lieferung ergibt, vereinbart wird. Man bezeichnet ihn als Erfüllungsort.

Der Erfüllungsort ist in fast allen Lieferungsbedingungen von vornherein festgelegt.

Nach Abschluß eines Kaufvertrages können Schwierigkeiten auftreten, sei es, daß der Verkäufer fehlerhafte Waren sendet, sei es, daß er mit seiner Lieferung im Rückstand bleibt oder gar nicht liefert. Solche Schwierigkeiten können im Streitfall die Wandlungsklage, die Minderungsklage oder die Schadenersatzklage nach sich ziehen.

Bei Eingang fehlerhafter Waren hat der Käufer die Pflicht, die Beanstandungen sofort dem Verkäufer bekanntzugeben, die Mängel, die der Ware anhaften, zu rügen. Man sagt, er muß die Mängelrüge geltend machen. Wenn er dies tut, stehen ihm alle weiteren Wege offen.

Die Mängelrüge braucht nichts weiter zu enthalten als die Angabe der an der Ware festgestellten Fehler sowie den Hinweis, daß der Käufer nicht gewillt ist, sich die fehlerhafte Ware gefallen zu lassen, und entschlossen ist, seine Rechte zu wahren.

Beispiel:

> Heute erhielt ich das bei Ihrem Reisenden bestellte Leder. Ich muß jedoch feststellen, daß dieses fleckig ist und vielfach dünne Stellen aufweist. Alles weitere behalte ich mir vor.

Die Mängelrüge läßt es völlig offen, welche Klage der Käufer anstrengen will, wenn es nicht zu einer Beilegung der Differenzen kommt.

Wandlung. Wird vom Käufer Wandlung verlangt, dann müssen Verkäufer und Käufer zurückgeben, was sie anläßlich des Kaufes voneinander erhalten hatten. Der gesamte Kauf wird damit rückgängig gemacht.

Minderung. Bei Minderung wird der Kaufpreis herabgesetzt. Sollte es hierbei zur Klage kommen, dann muß berücksichtigt werden, daß die Minderung sich nur auf Ausgleich der Fehler bezieht. Eine evtl. Überteuerung des Käufers wird dabei nicht korrigiert.

Schadenersatz. Dieser kommt dann in Betracht, wenn durch den Verzug des Verkäufers Schaden entstanden ist. Über Schadenersatz wird an anderer Stelle noch mehr zu sagen sein.

Der Werkvertrag

Bei dem Werkvertrag hat der Handwerker aus dem vom Besteller gelieferten Material ein Werkstück herzustellen oder eine Sache zu verbessern, z. B. der Kunde liefert Tuch, der Schneider fertigt daraus einen Anzug.

Weist die gelieferte Arbeit einen Mangel auf, muß der Besteller zunächst vom Handwerker die Beseitigung des Mangels verlangen und kann ihm dabei eine bestimmte Frist setzen. Gelingt die Beseitigung nicht, dann erst kann Wandlung, Minderung oder Schadenersatz verlangt werden.

Der Werklieferungsvertrag

Hier verwendet der Handwerker zur Herstellung des bestellten Werkstücks von ihm geliefertes Material, z. B. der Schneider liefert zum Anzug auch das Tuch.

Handelt es sich beim Werklieferungsvertrag um Sachen, die ohne weiteres ersetzt werden können, z. B. um Schrauben, Dachziegel, einfache Töpferwaren, so kann der Käufer bei Mängeln nicht erst die Beseitigung der Mängel verlangen. Er muß dann sofort auf Wandlung, Minderung oder Schadenersatz bestehen.

Handelt es sich jedoch um nicht ersetzbare Sachen, z. B. um einen Maßanzug, dann ist wie beim Werkvertrag zu verfahren.

Der Mietvertrag

Der Mietvertrag hat ein Mietverhältnis zum Gegenstand. Man versteht unter Miete den vertragsmäßigen Gebrauch einer Sache gegen Geld.

Die Bestimmungen des Bürgerlichen Gesetzbuches über Miete sind zum Teil verändert oder außer Kraft gesetzt durch das Mieterschutzgesetz.

Dies gilt hauptsächlich hinsichtlich der Kündigung und Räumung.

Der Pachtvertrag

Beim Pachtvertrag hat der Verpächter dem Pächter nicht nur den Gebrauch der gepachteten Sache, sondern auch noch den Genuß der Früchte zu überlassen.

Der Leihvertrag

Bei der Leihe handelt es sich um die vorübergehende Überlassung einer Sache ohne Vergütung zu einem bestimmten Zweck.

In engem Zusammenhang mit den Verträgen steht die Verjährung. Grundsätzlich verjährt eine Forderung nach 30 Jahren. Ausnahmen bilden die Forderungen der Kaufleute, Handwerker und Industriellen gegen ihre Schuldner.

Diese Forderungen verjähren bereits nach 2 Jahren. Wenn die Waren jedoch an Wiederverkäufer geliefert wurden, verjähren die Forderungen erst nach 4 Jahren.

Die Unterbrechung der Verjährung erfolgt nur durch Schuldanerkenntnis oder Zahlungsbefehl bzw. Klage. Schriftliche Mahnung allein genügt nicht, wenn der Schuldner nicht darauf durch Teilzahlung oder Stundungsgesuch die Schuld anerkennt.

Zusammenfassung:

Verträge im einzelnen:

Kaufvertrag:

Der Verkäufer übergibt nach erfolgter Einigung über die Verkaufsbedingungen die gekaufte Sache dem Käufer zum Eigentum. Der Käufer hat die Sache anzunehmen und zu bezahlen. Gekaufte Sachen bei Empfang sofort nachprüfen. Unter Umständen

Mängelrüge,
Wandlung = Rückgängigmachung des Kaufes,
Minderung = Herabsetzung des Kaufpreises,
Schadenersatz = Wiederherstellung des ursprünglichen Zustandes oder entsprechender Ersatz in Geld.

Werkvertrag:

Der Handwerker hat nach Angabe aus ihm vom Kunden gelieferten Rohstoffen ein Werkstück herzustellen, der Kunde hat es abzunehmen und zu bezahlen.

Werklieferungsvertrag:

Die Rohstoffe werden vom Handwerker mitgeliefert.

Mietvertrag:

Miete ist der vertragsmäßige Gebrauch einer Sache gegen Geld.

Pachtvertrag:

Pacht ist der vertragsmäßige Gebrauch einer Sache zugleich mit der Nutzung ihrer Erträgnisse (Fruchtgenuß) gegen Geld.

Leihvertrag:

Leihe ist die vorübergehende Überlassung einer Sache ohne Vergütung.

Verjährung:

allgemein 30 Jahre,
Handwerkerforderungen 2 Jahre,
bei Lieferungen an Wiederverkäufer 4 Jahre.
Nur Schuldanerkenntnis oder gerichtliche Mahnung durch Zahlungsbefehl oder Klage unterbricht die Verjährung.

Die Schadenhaftung des Handwerksmeisters

Durch die Bestimmungen des Bürgerlichen Gesetzbuches über die Schadenhaftung ist der Handwerksmeister für alle Schäden verantwortlich, die er oder seine Angestellten im Rahmen der Betriebsarbeit einem anderen vorsätzlich oder fahrlässig zufügen.

Vorsätzlich handelt derjenige, der sich einem anderen gegenüber eine rechtsverletzende Handlung oder Unterlassung zu Schulden kommen läßt.

Fahrlässig handelt, wer die im Verkehr geübte erforderliche Sorgfalt außer acht läßt.

Eine Schadenhaftung liegt somit dann nicht vor, wenn nachgewiesen werden kann, daß der Schaden durch höhere Gewalt, also nicht vorsätzlich oder fahrlässig entstanden ist.

Gegen die aus Schadenhaftung evtl. entstehenden Schadenersatzansprüche schützt sich der Handwerker durch Abschluß einer Haftpflichtversicherung.

Der Schadenersatz

Schadenersatz bedeutet die Wiederherstellung des ursprünglichen Zustandes. Läßt sich dies nicht ermöglichen, dann ist ein entsprechender angemessener Ersatz in Geld zu leisten.

Schadenersatz kommt nur in Betracht, wenn bewiesen wird,

1. daß ein Schaden vorliegt,
2. daß durch Verschulden einer dritten Person der Schaden entstanden ist.

Dies ist zu beachten, da im allgemeinen jeder seinen Schaden selbst zu tragen hat.

Schadenersatzansprüche sind mitunter schwierig durchzusetzen, vor allem, wenn es sich um indirekte Schäden, z. B. entgangenen Gewinn handelt. — Vor allen Dingen muß sich der Handwerker hüten, seine Angestellten mit Dienstleistungen zu beauftragen, die nicht zur Betriebsarbeit gehören, da er im Schadensfalle nicht durch seine Versicherungen gedeckt ist, z. B. Auftrag, Obst zu pflücken, bei privaten Dienstleistungen oder bei Dienstleistungen aus Gefälligkeit für andere.

Der Verzug

Wenn eine Verpflichtung fällig ist, gerät nach Mahnung der Verpflichtete in Verzug, wenn er nicht unverzüglich leistet.

Ist die Verpflichtung (Lieferung einer Ware oder Zahlung einer Schuldforderung) auf einen bestimmten Tag gestellt (z. B. 3 Monate Ziel usw.), tritt der Verzug nach diesem Tag ohne Mahnung ein, wenn die Verpflichtung nicht eingehalten worden ist. Alle Kosten, die durch den Verzug entstehen, hat der Säumige zu tragen. Auch der Besteller kann bei nicht rechtzeitiger Abnahme in Verzug geraten und haftet dann für den Schaden.

Zusammenfassung:

Schadenhaftung:

Der selbständige Handwerker haftet für alle Schäden im Rahmen der Betriebsarbeit. Er ist durch die Unfall- und Haftpflichtversicherung geschützt.

Schadenersatz
erfolgt nur dann, wenn das Verschulden einer dritten Person den nachgewiesenen Schaden nachweislich verursacht hat.

Verzug:
Wenn die Leistung nicht bei Fälligkeit erfolgt, trägt der Säumige die durch den Verzug entstehenden Kosten.

Das Pfandrecht an beweglichen Sachen

Zum Verständnis diene zunächst die Tatsache, daß das Gesetz einen Unterschied zwischen den beiden Begriffen Besitz und Eigentum macht.

Besitz ist die tatsächliche Herrschergewalt über eine Sache.

Eigentum ist die rechtliche Herrschergewalt über eine Sache.

Z. B. Bei einer Mietwohnung ist der Mieter der Besitzer, der Hauswirt der Eigentümer der Wohnung.

Unter beweglichen Sachen versteht man alle Sachen, die nicht Grundstücke sind. Für ihre Verpfändung gilt folgender unabänderlicher Grundsatz:

Nur der Gegenstand gilt als rechtmäßig verpfändet, der sich im Besitze des Pfandgläubigers befindet. Pfand ist somit ein Gegenstand, der dem Pfandgläubiger zur Sicherung einer Forderung übertragen wird mit der Maßgabe, sich an dem Gegenstand schadlos zu halten, wenn der Schuldner nicht bezahlt. Hieraus ergibt sich, daß der Pfandgläubiger den ihm verpfändeten Gegenstand in seinem Besitz haben muß, wenn die Verpfändung gelten soll. Der Schuldner muß also, wenn er seine Uhr verpfänden will, diese dem Gläubiger aushändigen, sonst gilt die Verpfändung nicht.

Es kommt nun oft vor, daß ein Gegenstand zur Sicherung einer Forderung dienen soll, der für den Schuldner nicht entbehrlich ist, also dem Pfandgläubiger nicht übergeben werden kann. Dann ist eine Verpfändung nicht möglich. Man hilft sich in diesem Falle durch die

Sicherungsübereignung

Der Grundgedanke der Sicherungsübereignung liegt darin, daß der Schuldner dem Gläubiger die in Betracht kommende Sache übereignet und der Gläubiger dem Schuldner die Sache zum Gebrauche überläßt. Dies letztere kann darin bestehen, daß er ihm die Sache vermietet, leiht oder einfach in Verwahrung gibt.

Die Sicherungsübereignung ist also eine Eigentumsübertragung, die sehr dem Kaufe ähnelt. Man könnte dabei den zu sichernden Darlehnsbetrag als Kaufpreis und die Schuldzinsen als Benutzungsgebühr (Mietzins) ansehen.

In der Praxis wird man von diesem etwas umständlichen Weg absehen und einfach vereinbaren, daß die Sache zur Sicherung einer Darlehnsforderung dem Gläubiger im Eigentum übertragen wird. Wenn der Schuldner mit der Rückzahlung des Darlehns in Verzug gerät, kann der Gläubiger die Herausgabe der Sachen verlangen und sich an ihnen schadlos halten. Andererseits ist durch die

Sicherungsübereignung ohne weiteres gegeben, daß bei pünktlicher Rückzahlung der Schuld die übereigneten Gegenstände wieder in das Eigentum des Schuldners übergehen.

Die Rechte an Grundstücken

Die Hypothek

Die Hypothek ist die Belastung eines Grundstücks zugunsten der Forderung eines Gläubigers des Grundstückseigentümers.

Die Forderung genießt somit eine Doppelhaftung und zwar die persönliche Haftung durch den Schuldner und die dingliche Haftung durch das Grundstück.

Die Hypothek muß im Grundbuch eingetragen werden. Hierüber stellt das Gericht eine Urkunde, den Hypothekenbrief, aus. Dieser kann vom Gläubiger jederzeit an einen anderen übertragen werden. Man spricht dann von einer Briefhypothek. Vielfach wird aber auch auf die Ausstellung eines Hypothekenbriefes verzichtet. Man begnügt sich lediglich mit der gerichtlichen Benachrichtigung über die Eintragung der Hypothek. In diesem Falle handelt es sich um eine Buchhypothek.

Wichtig ist, daß die persönliche Haftung des Schuldners für die Hypothekenforderung so lange dauert, bis das Geld zurückgezahlt ist. Er haftet 30 Jahre lang auch dann, wenn das Grundstück inzwischen verkauft und die auf ihm lastenden Hypotheken mit Einwilligung der Hypothekengläubiger vom Käufer übernommen wurden.

Z. B. Taxwert eines Grundstücks DM 100000,—

A kauft es, er zahlt DM 20000,— an und nimmt eine

1. Hypothek zu DM 50000,— und eine
2. Hypothek zu DM 30000,— auf.

Nach einigen Jahren verkauft er das Grundstück mit Hypotheken für DM 110000,— an B.

Dieser zahlt DM 30000,— an und übernimmt die

1. Hypothek zu DM 50000,— und die
2. Hypothek zu DM 30000,—.

Nach einiger Zeit nimmt er eine

3. Hypothek zu DM 5000,— auf.

Dann verkauft er das Grundstück an C für DM 105000,—. Dieser zahlt DM 20000,— an und übernimmt

1. Hypothek zu DM 50000,—
2. Hypothek zu DM 30000,—
3. Hypothek zu DM 5000,—.

Nach einigen Jahren gerät C in Vermögensverfall. Das Grundstück kommt zur Versteigerung. Erlös DM 75000,—. Hiervon erhält die

1. Hypothek DM 50000,— und die
2. Hypothek DM 25000,—.

Die restlichen DM 5000,— der 2. Hypothek und die 3. Hypothek in Höhe von DM 5000,— fallen aus.

Von C ist nichts zu erhalten, da er sich in Vermögensverfall befindet. Demzufolge muß nun B die DM 5000,— Restforderung der 2. Hypothek und die DM 5000,— der 3. Hypothek bezahlen.

Wegen der DM 5000,— Restforderung der 2. Hypothek hat er ein Rückgriffsrecht an A.

Ist B aber selbst in Vermögensverfall oder nicht mehr am Leben, dann muß A die Restforderung der 2. Hypothek in Höhe von DM 5000,— sogleich decken, natürlich auch unter der Voraussetzung, daß A noch lebt.

Das Vorkaufsrecht

Das Vorkaufsrecht ist die Belastung eines Grundstücks mit einem Recht, daß den Begünstigten zum Vorkauf berechtigt. Das Vorkaufsrecht bei Grundstücken muß notariell vereinbart und in das Grundbuch eingetragen werden, damit es öffentlichen Glauben genießt. Wenn das Vorkaufsrecht z. B. bei kostspieligen Geschäftseinbauten lediglich im Mietvertrag festgelegt wird, dann ist es an sich auch wirksam, d. h. der Begünstigte hat ein Recht auf Vorkauf. Wenn aber der Hauseigentümer sich nicht daran kehrt und das Haus an einen anderen verkauft, dann gilt dieser Verkauf, und der Begünstigte hat lediglich einen Schadenersatzanspruch an den Hauseigentümer.

Die Grundschuld

Die Grundschuld ist ebenfalls eine Belastung eines Grundstücks, ähnlich der Hypothek, nur mit dem Unterschied, daß bei einer Grundschuld keine persönliche Forderung vorhanden zu sein braucht, die durch das Grundstück gesichert werden soll.

Ist die Grundschuld nicht in einer Summe, sondern ratenweise zu tilgen, dann spricht man von einer Rentenschuld.

Die Rentenschuld

Die Rentenschuld ist die Belastung eines Grundstücks mit einer Summe, die ratenweise zurückzuzahlen ist.

Die Reallast

Reallasten sind wiederkehrende Leistungen, die der jeweilige Eigentümer eines Grundstücks an einen anderen zu entrichten hat (Geld, Naturalien usw.).

Die Grunddienstbarkeit

ist die Belastung eines Grundstücks zugunsten eines anderen Grundstücks. Wir unterscheiden ein dienendes und ein herrschendes Grundstück. Der Eigentümer des dienenden Grundstücks hat zugunsten des herrschenden Grundstücks entweder etwas zu dulden oder auf ein Recht gegen das herrschende Grundstück zu verzichten.

Z. B.: Der Eigentümer des dienenden Grundstücks hat Durchgang zu gestatten oder das Wasserholen auf seinem Grundstück zu dulden.

Das Erbbaurecht

ist die Belastung eines Grundstücks zugunsten eines Dritten, dem das veräußerliche und vererbliche Recht eingeräumt wird, über oder unter der Oberfläche des Grundstücks ein Bauwerk zu haben (Haus, Bergwerk).

Zusammenfassung:

Pfandrecht an beweglichen Sachen:

Nur der Gegenstand gilt als rechtmäßig verpfändet, der sich im Besitze des Pfandgläubigers befindet.

Sicherungsübereignung:

oft als Ersatz für Verpfändung. Gegenstand wird dem Gläubiger übereignet und von diesem dem Schuldner zu weiterer Benutzung überlassen (zur Miete, Leihe, Verwahrung).

Rechte an Grundstücken:

Hypothek ist Belastung eines Grundstücks mit der Forderung eines Gläubigers gegen den Grundstückseigentümer.

Achtung: rückwirkende Haftung des Schuldners, da Hypothekenforderung nicht nur die dingliche Haftung durch das Grundstück, sondern auch die persönliche Haftung durch den Schuldner umfaßt.

Vorkaufsrecht an Grundstücken

möchte, um voll wirksam zu sein, ins Grundbuch eingetragen werden.

Grundschuld

Rentenschuld

Reallasten

Grunddienstbarkeit

Erbbaurecht.

Das gerichtliche Mahnverfahren

Wenn ein säumiger Schuldner ohne Erfolg gemahnt worden ist, hat der Gläubiger, sofern er den Schuldner noch irgendwie für zahlungsfähig hält, die Möglichkeit, ihm vor Einreichung der Klage einen Zahlungsbefehl zu schicken.

Der Zahlungsbefehl

ist der Befehl des Gerichts an den säumigen Schuldner. innerhalb einer bestimmten Zeit die angemahnte Summe zuzüglich Kosten zu zahlen.

Der Zahlungsbefehl wird beim Amtsgericht in doppelter Ausfertigung beantragt, und zwar auf einem vorgedruckten Formular, das auszufüllen, mit einer Kostenmarke zu versehen und bei dem für den Wohnsitz des Schuldners zuständigen Amtsgericht einzureichen ist. Das Gericht gibt dem Schuldner unter Androhung der Zwangsvollstreckung auf, bis zu einer festgesetzten Frist seinen Verpflichtungen nachzukommen. Der Schuldner ist vorher hierzu nicht gehört worden. Demzufolge hat er ein Widerspruchsrecht, das er sofort geltend machen muß, sofern nach seiner Ansicht der Befehl zu Unrecht erlassen worden ist. Macht er hiervon Gebrauch, dann kann der Gläubiger die Ansetzung eines Verhandlungstermins beantragen, was dem Beginne eines Prozesses gleichkommt.

Wenn der Gläubiger bei Beantragung eines Zahlungsbefehls annehmen kann, daß vom Gegner Widerspruch eingelegt wird, empfiehlt es sich, daß er gleich auf dem Antragsformular den Antrag stellt, einen Termin anzusetzen, falls Widerspruch eingelegt werden sollte.

Reagiert der Schuldner nicht auf den Zahlungsbefehl, dann wird dieser rechtskräftig und vollstreckbar. Der Schuldner muß dann die Pfändung über sich ergehen lassen.

Das Prozeßverfahren

Jeder Prozeß hat seine zwei Seiten, und zwar die juristische und die praktisch-wirtschaftliche. Es gilt von ihm das gleiche, was in dieser Hinsicht bereits über den Vertrag gesagt wurde. Wie man sich dort den Vertragspartner, so muß man sich hier den Prozeßgegner genau ansehen. Man muß sich darüber Klarheit verschaffen, wen man vor sich hat. Kann man annehmen, daß die Vermögenslage des Gegners den Prozeß lohnt, dann muß man die juristischen Aussichten prüfen. Nur wenn die Sachlage wirklich einen Rechtserfolg verspricht, kann der Prozeß gewagt werden. Zu diesem Zwecke empfiehlt es sich, den Tatbestand erst einmal schriftlich festzulegen. Dabei dürfen keine Wunschgedanken die Darstellung beeinflussen. Es ist alles so darzustellen, wie es wirklich ist, nicht wie man es sich wünscht. Man bedenke, daß die aufgestellten Behauptungen bewiesen werden müssen.

Hat man den Tatbestand schriftlich festgelegt, dann lasse man den Schriftsatz mindestens noch eine Nacht liegen. Es ist immer gut, darüber, ob man einen Prozeß anfangen soll oder nicht, erst noch einmal zu schlafen. Wenn in dieser Weise vorgegangen wird, wird man erkennen, daß eine objektive Darstellung eines Streitfalles, in dem die eigene Person eine Rolle spielt, nicht leicht ist. Es müssen dann auch die für den Kläger schwachen Punkte erwähnt werden. Dies fällt nicht immer gerade leicht. Kommt man nach Beachtung dieser Vorsichtsmaßregel immer noch zu dem Schluß, daß der Prozeß unvermeidlich ist, dann kann man die Klage einreichen.

Es ergibt sich dabei, daß sich das Prozeßverfahren im Rahmen bestimmter Vorschriften abspielt. Die Grundlagen hierfür müssen bekannt sein. Wir müssen wissen, an welches Gericht wir uns zu wenden haben und ob wir es mit einer sogenannten bürgerlichen Rechtsstreitigkeit zu tun haben, die nach dem Bürgerlichen Gesetzbuch zu entscheiden ist, oder ob es sich um einen Streit handelt, der in das Strafrecht gehört. Wir müssen also bürgerliche Rechtsstreitigkeiten und Strafprozesse unterscheiden.

Zu unseren Betrachtungen gehören vor allem die bürgerlichen Rechtsstreitigkeiten. Deshalb soll hier der Zivilprozeß etwas näher behandelt werden. Um einen solchen führen zu können, muß man Bestimmungen aus dem Gerichtsverfassungsgesetz kennen, das u. a. die Zuständigkeit der Gerichte regelt. Außerdem muß man in der Zivilprozeßordnung (ZPO) Bescheid wissen, da diese das ABC der praktischen Prozeßführung ist.

Hieraus ergibt sich, daß bei schwieriger gelagerten Fällen ein Rechtsanwalt oder eine andere rechtskundige Person beigezogen werden möchte. Bei Prozessen vor dem Landgericht hat der Gesetzgeber Rechtsanwaltszwang angeordnet, d. h. beim Landgericht kann man einen Prozeß nur mit Hilfe eines Rechtsanwalts durchführen.

Aufbau der ordentlichen Gerichte und ihre örtliche und sachliche Zuständigkeit bei bürgerlichen Rechtsstreitigkeiten

1. Amtsgericht,
2. Landgericht,
3. Oberlandesgericht,
4. Oberster Gerichtshof in Köln (brit. Zone).
   Oberstes Bundesgericht ist zu erwarten.

Daneben gibt es noch Arbeitsgerichte, Mietgerichte sowie die Kammer für Handelssachen bei den Landgerichten.

1. Die örtliche Zuständigkeit der Gerichte

Grundsatz: Der Schuldner wird dort verklagt, wo er wohnt bzw. wo er seine gewerbliche Niederlassung hat.

Dies bedeutet, daß der Beklagte bei dem Gericht verklagt werden muß, in dessen Amtsbezirk sich der Wohnort oder die gewerbliche Niederlassung des Beklagten befindet. Diese Bestimmung ist nicht zwingend. Sie kann durch Vereinbarung geändert werden. Für den Wirtschaftsunternehmer würde eine große Last an Arbeit und Kosten entstehen, wenn er einen Prozeß gegen säumige oder zahlungsunfähige Schuldner außerhalb seines Wohnortes durchführen müßte. Deshalb enthalten die Lieferungsbedingungen im allgemeinen u. a. auch eine Vereinbarung des Gerichtsstandes, d. h. jeder Rechtsstreit, der sich aus dem abzuwickelnden Geschäft ergibt, ist dann vor dem vereinbarten Gericht durchzuführen.

2. Die sachliche Zuständigkeit der Gerichte bei bürgerlichen Rechtsstreitigkeiten

A. Amtsgericht

Das Amtsgericht ist zuständig für Streitigkeiten aus vermögensrechtlichen Ansprüchen bis zu einem Streitwert von DM 2000,— sowie für Streitfälle aus einem Mietverhältnis und für die sogenannte freiwillige Gerichtsbarkeit. Hierher gehören u. a. Vormundschafts-, Nachlaß- und Teilungssachen, Pflegschaften, Konkurs- und Vergleichsverfahren, Zwangsverwaltungen usw.

B. Landgericht

Das Landgericht ist zuständig für vermögensrechtliche Streitfälle über DM 2000,— sowie für Berufungen gegen Urteile der Amtsgerichte. Anwaltszwang.

C. Oberlandesgericht

Das Oberlandesgericht ist zuständig für Berufungen gegen Urteile der Landgerichte sowie für Revisionen. Anwaltszwang.

D. Bundesgerichtshof Karlsruhe

Zuständig für Revisionen, wenn Streitwert DM 6000,— übersteigt.

Die Durchführung des Prozesses

Der Prozeß wird durch Einreichung einer Klageschrift in doppelter Ausfertigung beim zuständigen Gericht angestrengt. Nach Eingang der Klageschrift stellt das Gericht dem Beklagten die Abschrift der Klageschrift zu und setzt einen Verhandlungstermin an.

Die Klageschrift hat zu enthalten:

1. Bezeichnung der Prozeßparteien,
2. Angabe des Klagegrundes,
3. Antrag zur Verurteilung des Beklagten,
4. Wert des Streitgegenstandes,
5. Beweismittel.

Muster einer Klage:

München, den 15. August 1949
Peterstr. 1

An
das Amtsgericht
München

Betrifft: Klage des Tischlermeisters Franz Schubert,
München, Peterstr. 1 (Kläger),

gegen

den Geschäftsinhaber Karl Huber,
Rosenheim, Talstr. 12 (Beklagten),

wegen Kaufpreisforderung (Streitwert DM 220,—).

Hierdurch erhebe ich Klage gegen den Geschäftsinhaber

Karl Huber, Rosenheim, Talstr. 12,

beim Amtsgericht München und beantrage zu erkennen:

1. Der Beklagte wird verurteilt, an den Kläger den Betrag der in Abschrift

beiliegenden Rechnung vom 15. 1. 49 in Höhe von DM 220,— zuzüglich 6% Verzugszinsen ab 15. 1. 49 zu zahlen.
2. Die Kosten des Rechtsstreits werden dem Beklagten auferlegt.
3. Das Urteil wird für vorläufig vollstreckbar erklärt.

Begründung:

1. Der Beklagte hat im Dezember 1948 dem Kläger die Anfertigung eines Schreibtisches zum Preise von DM 220,— gegen sofortige Zahlung bei Lieferung in Auftrag gegeben.

Beweis: Schreiben des Beklagten vom 20. 12. 48.

2. Der Kläger hat am 15. 1. 49 den Schreibtisch ordnungsgemäß geliefert, und der Beklagte hat ihn in Empfang genommen.

Beweis: Liefer- und Empfangsschein.

3. Der Beklagte hat den sofort fälligen Kaufpreis nicht entrichtet, so daß Mahnungen am 15. 3. 49 sowie am 15. 7. 49 nötig wurden.

Beweis: Schreiben vom 15. 3. 49 und 15. 7. 49.

4. Nachdem seit Lieferung des Schreibtisches 7 Monate vergangen sind, ohne daß der Beklagte seinen Verpflichtungen nachgekommen ist, macht sich diese Klage nötig.

5. Die Zuständigkeit des Amtsgerichts München wurde vereinbart.

Beweis: Bestätigungsschreiben vom 21. 12. 48.

Franz Schubert,
Tischlermeister

Der Prozeß gliedert sich in

1. Güteverfahren,
2. Streitverfahren.

Der Richter hat die Pflicht, zuerst im Güteverfahren den Versuch zu machen, den Prozeß beizulegen. Wenn dieser scheitert, kann der Richter im gleichen Verhandlungstermin in das Streitverfahren eintreten.

Das Streitverfahren:

Das Streitverfahren gliedert sich in

1. Beweiserhebung und
2. Verkündung des Urteils.

Im Zuge der Beweisaufnahme können die Beweismittel zeugenschaftliche Parteivernehmung, Zeugeneid, Augenschein, Sachverständige und Urkunden herangezogen werden. Wenn eine der Prozeßparteien wünscht, daß dies geschieht, dann muß sie es beantragen, da die Zivilprozeßordnung den Grundsatz enthält, daß es den Parteien überlassen werden muß, welche Beweismittel herangezogen werden (was nicht beantragt wird, geschieht nicht. Initiativrecht der Parteien).

Sehr wichtig ist bei Heranziehung der Beweismittel zu wissen, daß das Gericht den Beweismitteln Beweiskraft zumessen kann, aber nicht gezwungen ist, es zu tun. Deshalb ist ein Prozeß immer erst dann als gewonnen anzusehen, wenn die obsiegende Partei das rechtskräftige Urteil in der Tasche hat.

Wenn die Beweisaufnahme abgeschlossen ist, erfolgt das Urteil.

Das Urteil:

Bei den Gerichtsurteilen unterscheiden wir in der Hauptsache:

1. Endurteile,
2. Zwischenurteile,
3. Vorbehaltsurteile,
4. Versäumnisurteile,
5. Anerkenntnisurteile.

Von ihnen sind Endurteil, Versäumnisurteil und Anerkenntnisurteil die wichtigsten. Für die Praxis gilt für dieselben folgendes:

Das Endurteil beendet im allgemeinen den Rechtsstreit. Wenn es sich dabei nicht um einen sogenannten Bagatellprozeß (Streitwert unter 100 DM) gehandelt hat, ist gegen das Urteil Berufung an das nächsthöhere Gericht zulässig.

Das Versäumnisurteil ergeht auf Antrag einer Prozeßpartei, wenn der Prozeßgegner zum Verhandlungstermin nicht erschienen ist und demzufolge dem gestellten Antrag nicht widersprechen kann.

Gegen das Versäumnisurteil ist der Einspruch beim gleichen Gericht möglich.

Sowohl Endurteil als auch Versäumnisurteil können vom Gericht für vorläufig vollstreckbar erklärt werden. Ist dies der Fall, dann wird mit der Vollstreckung die für die Berufung übliche Rechtsmittelfrist nicht beachtet. Wenn daher eine solche Klausel im Urteil enthalten ist und der Verurteilte will sich dem Urteil nicht unterwerfen, dann ist höchste Eile geboten, sofort Vollstreckungsschutz zu beantragen. Dieser ist zu gewähren, wenn Sicherheitsleistung erfolgt. Für den Fall, daß der Verurteilte hierzu nicht in der Lage ist, kann auf seinen Antrag das Gericht nach Ermessen den Vollstreckungsschutz doch gewähren, wenn es zu der Überzeugung kommt, daß die Vollstreckung des Urteils die Existenz des Verurteilten vernichtet, und wenn es darin eine unbillige Härte erblickt.

Das Anerkenntnisurteil ergeht, wenn im Laufe des Prozesses der Beklagte den Klageanspruch des Klägers anerkennt. Gegen das Anerkenntnisurteil gibt es kein Rechtsmittel, also keine Berufung, keinen Einspruch und keine Beschwerde. Es ist endgültig.

Zusammenfassung:

Gerichtliches Mahnverfahren

besteht im Erlaß eines Zahlungsbefehls durch das Gericht auf Antrag des Gläubigers.

Gegen Zahlungsbefehl ist Widerspruch möglich.

Er hat aufschiebende Wirkung, d. h. nach Einlegung des Widerspruchs geschieht nichts. Der Gläubiger muß Verhandlungstermin beantragen.

Prozeß

wird eingeleitet durch Klageschrift in doppelter Ausfertigung beim zuständigen Gericht.

Amtsgericht

zuständig für Vermögensstreitigkeiten bis DM 2000,— und für freiwillige Gerichtsbarkeit (s. oben),

Landgericht

zuständig für Vermögensstreitigkeiten über DM 2000,— und für Berufungen gegen Urteile des Amtsgerichts,

Oberlandesgericht

zuständig für Berufungen gegen Urteile des Landgerichts,

Bundesgerichtshof Karlsruhe

zuständig für Revisionen bei einem Streitwert über DM 6000,—.

Die örtliche Zuständigkeit der Gerichte

richtet sich nach dem Wohnort oder der gewerblichen Niederlassung des Beklagten oder nach dem vereinbarten Gerichtsstand.

Durchführung des Prozesses:

Güteverfahren,

Streitverfahren,

dieses gliedert sich in

a) Beweisaufnahme mit den Beweismitteln: zeugenschaftliche Parteivernehmung, Zeugeneid, Augenschein, Sachverständige, Urkunden,

b) Urteil:
Endurteil, dagegen Berufung bei nächsthöherem Gericht möglich,
Versäumnisurteil, dagegen Einspruch bei gleichem Gericht möglich,
Anerkenntnisurteil, dagegen kein Rechtsmittel möglich.

Nach Erlangung der Rechtskraft des Gerichtsurteils kann auf Antrag des Klägers die Zwangsvollstreckung erfolgen. Das Gesetz kennt aber noch zwei andere Möglichkeiten, um gegen einen säumigen Schuldner vorzugehen, ohne daß vorher Zahlungsbefehl erlassen oder der Klageweg beschritten wurde. Es sind dies das Arrestverfahren und die einstweilige Verfügung.

Das Arrestverfahren

Der Arrest bezweckt die Sicherung der künftigen Zwangsvollstreckung wegen einer Geldforderung. Was noch an Werten beim Schuldner vorhanden ist, soll festgehalten werden, damit es ordnungsgemäß gepfändet werden kann (arrêter = festhalten).

Der Gläubiger kann also schon vor Erwirkung eines vollstreckbaren Schuldtitels einen Arrest beantragen. Dieser besteht in der sofortigen Beschlagnahme der beim Schuldner noch vorhandenen Vermögenswerte. Der Schuldner kann durch den Vollzug eines Arrests erheblichen Schaden haben. Deshalb ist der Gläubiger zu Schadenersatz verpflichtet, wenn er den Arrest zu Unrecht beantragt hat.

Für den Erlaß eines Arrestbefehls durch das Gericht muß ein Arrestgrund vorliegen. Nach dem Gesetz gehören hierzu Fluchtverdacht und verdächtige Veräußerung von Vermögensstücken durch den Schuldner.

Gegen den Arrestbefehl ist die Widerspruchsklage möglich, sie kann aber die Durchführung des Arrestbefehls zunächst nicht aufhalten.

Die einstweilige Verfügung

Einstweilige Verfügung kann das Gericht auf Antrag zur Sicherung eines Anspruchs erlassen. Hierbei kann es sich, wie beim Arrest, um die Sicherung der künftigen Zwangsvollstreckung oder um die vorläufige Regelung eines Zustandes handeln.

Während jedoch beim Arrest immer der Arrestbefehl erlassen wird, ohne vorher den Betroffenen zu hören, kann bei Erlaß der einstweiligen Verfügung nur in besonders dringenden Fällen ohne vorherige mündliche Verhandlung entschieden werden.

Gegen den Erlaß einer einstweiligen Verfügung ist Widerspruchsklage möglich. Sie hält aber den Vollzug nicht auf. Auch bei der einstweiligen Verfügung ist der Antragsteller zu Schadenersatz verpflichtet, wenn sich sein Anspruch als ungerechtfertigt erweist.

Zwangsvollstreckung und Offenbarungseid

Zwangsvollstreckung

Hat der Kläger ein rechtskräftiges Urteil in der Hand oder einen Zahlungsbefehl, dem nicht rechtzeitig widersprochen wurde, so kann er eine vollstreckbare Ausfertigung beantragen und damit die Pfändung betreiben. Das Gericht weist dann den Gerichtsvollzieher an, seines Amtes zu walten. Er sucht den Schuldner auf und fordert ihn noch einmal zur Zahlung auf. Erfolgt diese nicht, dann stellt der Gerichtsvollzieher fest, ob irgendwelche Gegenstände vorhanden sind, die man pfänden kann. Nicht alles, was der Schuldner hat, ist pfändbar. Was er zum täglichen Leben braucht und was er an Werkzeugen usw. nötig hat, um seinen Unterhalt zu verdienen, muß man ihm lassen.

Fühlt sich der Schuldner durch die Art und Weise der Pfändung beschwert, kann er bei Gericht die sogenannte „Erinnerung“ geltend machen.

Hält der Schuldner die Zwangsvollstreckung für ungerechtfertigt, kann er Vollstreckungsgegenklage einreichen. Werden Gegenstände gepfändet, die dem Schuldner nicht gehören, dann kann Widerspruchsklage durch den rechtmäßigen Eigentümer erfolgen.

Die Pfändung kann sich nicht nur auf die beim Schuldner vorhandenen Gegenstände beziehen, sie erstreckt sich auch auf Forderungen und Rechte, die der

Schuldner vielleicht noch irgendwo hat. In diesem Falle nimmt aber nicht der Gerichtsvollzieher, sondern das Vollstreckungsgericht die Pfändung vor. Besitzt der Schuldner ein Grundstück, so kann aus einem rechtskräftigen Urteil gegen ihn eine Sicherheitshypothek auf das Grundstück eingetragen oder Zwangsverwaltung oder Zwangsversteigerung betrieben werden.

Stellt sich jedoch heraus, daß bei dem Schuldner beim besten Willen nichts mehr zu holen ist, dann kann der Gläubiger noch beantragen, daß der Schuldner die Richtigkeit und Vollständigkeit seines Vermögensverzeichnisses bei Gericht beschwört. Er muß offenbaren, was er besitzt. Dabei muß er alles aufschreiben, was da ist, auch die Sachen, die er für nicht pfändbar hält. Er muß den Offenbarungseid leisten.

Hierbei ist besonders sorgfältig vorzugehen, da das Verschweigen irgendwelcher Sachen als Meineid aufgefaßt wird und hohe Freiheitsstrafen nach sich zieht.

Leistet der Schuldner den Offenbarungseid nicht, kann der Gläubiger seine Inhaftierung betreiben. Dies ist aber mitunter eine kostspielige Sache. Andrerseits stellt sie ein wirksames Mittel dar, den böswilligen Schuldner zum Einlenken zu bewegen.

Prozesse und sonstige Streitsachen kosten Geld. Der wirtschaftlich Schwache wäre daher im Nachteil gegenüber denen, die sich jederzeit es leisten können, die gerichtliche Hilfe in Anspruch zu nehmen.

Deshalb hat man die Einrichtung des Armenrechts geschaffen.

Das Armenrecht gibt dem Mittellosen das Recht, kostenlos auf Staatskosten seine Rechte wahrzunehmen. Die Gerichts- und Anwaltskosten für den Bedürftigen übernimmt der Staat. Das Armenrecht wird auf Antrag vom zuständigen Gericht zugebilligt. Allerdings ist die Bewilligung an bestimmte Voraussetzungen gebunden.

1. Der Antragsteller muß mittellos sein und darf nur über ein geringes Einkommen verfügen. Hierüber muß er eine Bescheinigung seiner zuständigen Gemeindebehörde beibringen, die seine Bedürftigkeit bestätigt.

2. Der Antragsteller muß in seiner Streitsache Aussicht auf Erfolg haben. Diese Bestimmung ist getroffen worden, um irgendwelchen Querulanten es unmöglich zu machen, mit aussichtslosen Sachen ihre Mitmenschen kostenlos zu Lasten der Allgemeinheit zu quälen.

Zusammenfassung:

Arrest = Beschlagnahme von Vermögenswerten beim Schuldner, ohne ihn vorher zu hören, wenn Gefahr im Verzug ist.
Widerspruchsklage und Schadenersatz möglich.

Einstweilige Verfügung = Sicherung der Zwangsvollstreckung, Regelung von Rechtsansprüchen ohne Prozeßverfahren, nur nach Anhörung des Beklagten.
Widerspruchsklage und Schadenersatz möglich.

Zwangsvollstreckung nach Erlangung der vollstreckbaren Ausfertigung eines Urteils oder Zahlungsbefehls
in das bewegliche Vermögen,
in die Forderungen und Rechte des Schuldners,
in die Grundstücke des Schuldners.

Gegen Art und Weise der Zwangsvollstreckung
Erinnerung,
gegen ungerechtfertigte Pfändung
Vollstreckungsgegenklage,
gegen unberechtigte Pfändung einem Dritten gehöriger Sachen
Widerspruchsklage möglich.

Offenbarungseid: Der Schuldner muß eidlich offenbaren, was er hat.

Armenrecht wird durch Gericht verliehen an Personen,
die die Bedürftigkeit nachweisen und
die Aussicht auf Erfolg haben.
Sie können auf Kosten des Staates prozessieren.

Der gerichtliche Vergleich und der Konkurs

Es kommt mitunter vor, daß dem Handwerksmeister von einem Kunden oder seinem Beauftragten mitgeteilt wird, daß der Kunde sich in gewissen Zahlungsschwierigkeiten befände und deshalb seinen Gläubigern die Annahme eines Vergleichs anbiete. Hieran schließen sich dann meist Gläubigerversammlungen, auf denen um die Vergleichsbedingungen gefeilscht wird. Solche Gläubigerversammlungen stellen nicht gerade eine erfreuliche Zusammenkunft dar und enden vielfach mit einem Fiasko, d. h. man läuft unverrichteter Sache auseinander.

Der Schuldner kann sich dann entschließen, die Einigung mit seinen Gläubigern auf gerichtlichem Wege zu versuchen.

Hierzu gibt ihm die

Vergleichsordnung vom 26. 2. 1935

eine Handhabe. Durch sie soll dem konkursreifen Schuldner Gelegenheit gegeben werden, durch eine Vereinbarung und Einigung mit seinen Gläubigern den drohenden Konkurs abzuwenden. Freilich geht der Schuldner bei Beantragung des gerichtlichen Vergleichs das Wagnis ein, daß beim Scheitern des Vergleichs das Konkursverfahren über ihn eröffnet wird. Die Vergleichsordnung bestimmt dies nämlich ausdrücklich. Man spricht dann vom sogenannten Anschlußkonkurs.

Der Antrag auf Eröffnung des Vergleichsverfahrens

muß in doppelter Ausfertigung beim zuständigen Gericht eingereicht werden. Ihm muß gleichzeitig ein bestimmter Vergleichsvorschlag beigegeben sein, der den Gläubigern mindestens 35% ihrer Forderungen sicherstellt. In der Verordnung ist sogar bestimmt, daß ein Antrag vom Gericht abgelehnt werden kann, wenn der Schuldner weniger als 50% anbietet. Da es sich dabei um eine Kannvorschrift handelt, darf man unter Umständen hoffen, auch mit einem Angebot, das nicht unter 35% liegt, noch durchzukommen. Zuletzt sprechen ja die Gläubiger das letzte Wort. Aus dem Antrag muß ersichtlich sein:

1. ob und wann der Schuldner sich mit seinen Gläubigern in den letzten 5 Jahren schon einmal außergerichtlich verglichen hat,
2. ob in den letzten 5 Jahren bereits ein gerichtliches Vergleichsverfahren oder Konkursverfahren gegen den Schuldner stattgefunden hat oder ob ein solches etwa mangels Masse abgelehnt wurde,
3. ob der Schuldner schon einmal den Offenbarungseid abgelegt hat,
4. wann und wo der Schuldner geboren ist.

Die Angaben sind an Eides Statt zu versichern oder durch öffentliche Urkunden nachzuweisen.

Außerdem hat das Gericht vor Entscheidung des Vergleichsantrags die zuständige Berufsvertretung zu hören.

Mit Eröffnung des Vergleichsverfahrens genießt der Schuldner Vollstreckungsschutz und ist zunächst vor dem Konkurs geschützt. Die Gläubiger müssen also mit ihrem Zugriff warten. Bei dieser Sachlage ist es verständlich, daß das Gericht sich erst einen gewissen Überblick verschaffen muß, ehe es der Eröffnung des Vergleichsverfahrens zustimmt. Deshalb ist bestimmt, daß dem Antrag in doppelter Ausfertigung noch eine Reihe von Unterlagen beizufügen sind, und zwar:

1. Gläubiger- und Schuldnerverzeichnis nebst Angabe der einzelnen Forderungen und Schulden,
2. eine Übersicht über den Vermögensstand des Schuldners,
3. eine Erklärung des Schuldners, ob er innerhalb des letzten Jahres zugunsten seiner Verwandten Verfügungen über Vermögensgegenstände getroffen hat,
4. falls für Erfüllung des Vergleichs Sicherheit geleistet werden soll, die genaue Bezeichnung der Sicherheiten, bei angebotenen Bürgschaften die Bürgschaftserklärungen,
5. die Erklärung des Schuldners, daß er bereit ist, den Offenbarungseid zu leisten.

Die Eröffnung des Vergleichsverfahrens

Genehmigt das Gericht die Eröffnung des Vergleichsverfahrens, so ernennt es einen Vergleichsverwalter und setzt den Vergleichstermin fest. Bei diesem Termin wird über den Vergleichsvorschlag verhandelt. Alles weitere regelt der Vergleichsverwalter. Ihm kann vom Gericht ein Gläubigerbeirat zur Seite gestellt werden. Wird die Eröffnung des Vergleichsverfahrens abgelehnt, dann wird dieses in das Konkursverfahren übergeleitet.

Der Abschluß des Vergleichs

Zum Abschluß des Vergleichs ist die Mehrheit der Gläubiger erforderlich, die wenigstens $^3/_4$ der Gesamtforderungen in ihrer Hand haben muß. Gewährt der Schuldner weniger als 50%, so müssen sogar $^4/_5$ der Gesamtforderungen in den Händen der zustimmenden Gläubigermehrheit sein.

Wird der Vergleich angenommen, dann bedarf er noch der gerichtlichen Bestätigung. Erfolgt diese, dann ist das Verfahren aufzuheben, der Vergleich gilt als geschlossen und ist durchzuführen.

Kommt der Schuldner bei der Durchführung des Vergleichs seinen Verpflichtungen nicht nach, dann leben alle Forderungen wieder in voller Höhe auf.

Wird der Vergleich abgelehnt oder nicht bestätigt, dann erfolgt Anschlußkonkurs.

Der Konkurs

Wir verstehen unter Konkurs die zwangsweise Verteilung der letzten Vermögensreste des Schuldners an die Gläubiger. Das Konkursverfahren ist in der Konkursordnung vom 17. 5. 1898 geregelt. Es setzt voraus, daß ein Schuldner zahlungsunfähig und überschuldet ist. In diesem Falle ist er verpflichtet, das Konkursverfahren zu beantragen. Außerdem können aber nach der Konkursordnung auch die Gläubiger die Einleitung des Konkursverfahrens beantragen. Letzte Bestimmung ist im Kriege außer Kraft gesetzt worden.

Fühlt sich also ein Schuldner konkursreif und geht dies auch aus der Sachlage hervor, dann muß er beim zuständigen Amtsgericht einen entsprechenden Antrag stellen. Diesem muß er ein genaues Vermögensverzeichnis sowie eine Aufstellung seiner Gläubiger beifügen. Das Gericht prüft dann nach, ob die vorhandene Vermögensmasse ausreichend ist, um die Konkurskosten zu decken. Ist dies nicht der Fall, dann wird der Konkurs mangels Masse abgelehnt. Ist dagegen genügend Vermögensmasse vorhanden, dann gibt das Gericht dem Antrag auf Eröffnung des Konkurses statt und ernennt einen Konkursverwalter. Dieser hat den Konkurs im einzelnen durchzuführen. Seine Hauptaufgabe besteht darin, alles, was noch da ist, zu Geld zu machen und an die Gläubiger zu verteilen. Er hat deshalb alle bestehenden Außenstände einzuziehen und alle Forderungen des Schuldners, soweit solche noch da sind, geltend zu machen. Er hat aber auch alle an den Schuldner gerichteten Forderungen nachzuprüfen. Zu diesem Zwecke wird die Eröffnung des Konkursverfahrens amtlich vom Amtsgericht in der Zeitung bekanntgegeben und gleichzeitig aufgefordert, alle Forderungen gegen den Schuldner bis zu einem bestimmten Termin (Prüfungstermin) dem Konkursverwalter mitzuteilen.

Hierbei muß man aufpassen. Es ist nämlich gewissen Forderungen, die die Konkursordnung besonders bezeichnet, ein Vorrecht gegenüber den anderen (gewöhnlichen) Konkursforderungen zugebilligt. Die bevorrechtigten Forderungen sind in 5 Klassen eingeteilt und werden in der festgelegten Rangordnung nach Möglichkeit voll befriedigt.

Bevorrechtigte Forderungen sind:

1. Löhne, Gehälter, Kostgeld und sonstige Dienstbezüge,
2. Öffentliche Abgaben (Steuern),
3. Forderungen der öffentlichen Verbände (Kirchen, Schulen, Körperschaften des öffentlichen Rechts),
4. Kur- und Pflegekosten (Arzt- und Apothekenrechnungen),
5. Mündelansprüche.

Bei Anmeldung der Forderungen müssen bevorrechtigte Forderungen als solche beantragt werden.

Nach Befriedigung der bevorrechtigten Forderungen werden die noch zur Verfügung stehenden Geldbeträge im Verhältnis der Höhe der einzelnen Forderungen gleichmäßig auf die gewöhnlichen Konkursforderungen verteilt (Konkursquote).

Wenn der Konkurs so weit abgewickelt ist, daß die Konkursquote festgelegt wird, dann ergibt sich fast immer, daß nach Berücksichtigung der bevorrechtigten Forderungen für die übrigen Forderungen nur wenig oder gar nichts mehr bleibt. Für den damit verbundenen Ausfall haftet der Konkursschuldner dann 30 Jahre weiter. Ihm ist aber die Möglichkeit gegeben, in der Zeit nach dem allgemeinen Prüfungstermin und vor Genehmigung der Schlußverteilung durch einen bestimmten Vergleichsvorschlag den nicht bevorrechtigten Konkursgläubigern einen Zwangsvergleich anzutragen. Die Zustimmenden müssen dabei $^3/_4$ der Gesamtsumme aller nicht bevorrechtigten Forderungen vertreten.

Beispiel:

Sind von 67 Gläubigern 20 erschienen, dann müssen 11 Gläubiger dem Vorschlag zustimmen. Beträgt die Gesamtforderung aller nicht bevorrechtigten Gläubiger 100000 DM, dann müssen die 11 Gläubiger 75000 DM Forderungen zu vertreten haben.

Zusammenfassung:

Gerichtlicher Vergleich

Grundlage: Vergleichsordnung vom 26. 2. 1935.

Konkursreifer Schuldner
stellt Antrag in doppelter Ausfertigung beim Amtsgericht.

Vergleichsvorschlag muß mindestens 35% bieten.

Angaben über vermögensrechtliche Vergangenheit
sind an Eides Statt zu versichern oder durch öffentliche Urkunden zu beweisen.

Zum Abschluß des Vergleichs
muß Mehrzahl der Gläubiger zustimmen, und diese Mehrzahl muß mindestens $^3/_4$ der Gesamtforderungen vertreten. Wenn der Schuldner weniger als 50% bietet, muß $^4/_5$ Mehrheit der Gesamtforderungen in den Händen der zustimmenden Gläubiger sein.

Konkurs

Konkurs ist die zwangsweise Verteilung der letzten Vermögenswerte des Schuldners an die Gläubiger.

Schuldner muß zahlungsunfähig oder überschuldet sein. Bei der Verteilung Unterschied zwischen bevorrechtigten und gewöhnlichen Forderungen.

Bevorrechtigte Forderungen:

1. Löhne, Gehälter, Kostgeld,
2. Steuern,
3. Forderungen der öffentlichen Verbände,
4. Kur- und Pflegekosten,
5. Mündelansprüche.

Bei Anmeldung

müssen bevorrechtigte Forderungen besonders als solche beantragt werden.

Zwangsvergleich

Im Zuge des Konkursverfahrens möglich. Bezieht sich nicht auf bevorrechtigte Forderungen. Bei Vergleichsterminen muß Mehrheit der erschienenen Gläubiger zustimmen, gleichzeitig muß diese Mehrheit $3/4$ der Gesamtsumme der gewöhnlichen Forderungen vertreten.

Staatskunde

Die Bundesrepublik Deutschland

Grundgesetz und Aufbau

Das Grundgesetz der Bundesrepublik Deutschland wurde am 8. Mai 1949 von der Vollversammlung des Parlamentarischen Rates in Bonn mit 53 gegen 12 Stimmen angenommen. Nach der Genehmigung durch die drei Militärgouverneure der USA, Englands und Frankreichs, und nach Annahme durch die Volksvertretungen von 10 westdeutschen Ländern, erlangte das Gesetz am 23. Mai 1949 Gesetzeskraft. Es ist an die Stelle der Reichsverfassung vom 11. August 1919 getreten, die der Nationalsozialismus unwirksam gemacht hatte. Nach dem Artikel 146 hat es provisorischen Charakter. Es verliert seine Gültigkeit an dem Tage, an dem eine Verfassung in Kraft tritt, die von dem deutschen Volk in freier Entscheidung beschlossen ist.

Das Gesetz ist in 11 Abschnitte aufgeteilt:

1. Die Grundrechte
2. Der Bund und die Länder
3. Der Bundestag
4. Der Bundesrat
5. Der Bundespräsident

6. Die Bundesregierung
7. Die Gesetzgebung des Bundes
8. Die Ausführung der Bundesgesetze und die Bundesverwaltung
9. Die Rechtsprechung
10. Das Finanzwesen
11. Übergangs- und Schlußbestimmungen

Der erste Abschnitt sichert jedem Deutschen die Grundrechte zu. Sie umfassen die Menschenrechte, Freiheit der Person, Gleichheit vor dem Gesetz und die Gleichberechtigung der Frau, Glaubens- und Gewissensfreiheit, Meinungs- und Redefreiheit, Schutz der Ehe und Familie, Versammlungsfreiheit, Wahrung des Briefgeheimnisses, Freizügigkeit im ganzen Bundesgebiet, Schutz der Wohnung und Schutz des Eigentums.

Aus dem zweiten Abschnitt geht hervor, daß die Länder Baden, Bayern, Bremen, Groß-Berlin, Hamburg, Hessen, Niedersachsen, Nordrhein-Westfalen, Rheinland-Pfalz, Schleswig-Holstein, Württemberg-Baden und Württemberg-Hohenzollern gehalten sind, das Grundgesetz anzuerkennen. Mit Ausnahme Berlins sind sie damit in der Bundesrepublik zusammengeschlossen. Die Bundesrepublik ist ein demokratischer und sozialer Staat, dessen Gewalt beim Volke liegt, das seinen Willen durch Wahlen und Abstimmungen kundtut. Die Grundsätze des republikanischen, demokratischen und sozialen Rechtsstaates werden auch in den Ländern, Kreisen und Gemeinden gewährleistet. Somit müssen diese, wie der Bund selbst, Vertretungen aus dem Volke haben, die aus allgemeinen, unmittelbaren, freien, gleichen und geheimen Wahlen hervorgegangen sind.

Die vom Bunde beschlossenen Gesetze gehen denen der Länder vor. Bundesrecht bricht Landesrecht.

Die Pflege der Beziehungen zu auswärtigen Staaten ist Sache des Bundes.

Jeder Deutsche hat in jedem Bundesland die gleichen Rechte und Pflichten. Eignung, Befähigung und fachliche Leistung eröffnen jedem Deutschen den Zugang zu jedem öffentlichen Amt.

Das Recht des öffentlichen Dienstes ist nach den Grundsätzen des Berufsbeamtentums zu regeln.

Die Bundesflagge ist schwarz-rot-gold.

Der dritte Abschnitt befaßt sich mit der Volksvertretung des Bundes, mit dem Bundestag. Die Abgeordneten werden in allgemeiner, direkter, gleicher, freier und geheimer Wahl gewählt.

Wahlberechtigt ist, wer das 21. Lebensjahr vollendet, wählbar, wer das 25. Lebensjahr hinter sich hat.

Der Bundestag wird auf 4 Jahre gewählt. Er wählt sich seinen Präsidenten selbst.

Der Bundestag hat das Recht der Gesetzgebung.

Der vierte Abschnitt enthält Bestimmungen über den Bundesrat.

Während im Bundestag die Bevölkerung des Bundes ihre Vertreter hat, setzt sich der Bundesrat aus Vertretern der einzelnen Länderregierungen zusammen. Er wählt sich seinen Präsidenten auf ein Jahr.

Jedes Land hat mindestens drei Stimmen. Länder mit mehr als zwei Millionen Einwohnern haben vier, Länder mit mehr als sechs Millionen Einwohnern fünf Stimmen.

Durch den Bundesrat soll der Einfluß und das Mitbestimmungsrecht der Länder gewährleistet werden. Er ist deshalb bei der Gesetzgebung des Bundes mit eingeschaltet.

Nach den Bestimmungen des fünften Abschnitts steht an der Spitze der Bundesrepublik der Bundespräsident. Er muß Deutscher sein, das Wahlrecht zum Bundestag besitzen und das vierzigste Lebensjahr vollendet haben. Er wird von der Bundesversammlung gewählt. Diese ist mit Bundestag oder Bundesrat nicht zu verwechseln. Die Bundesversammlung hat nur die eine Aufgabe, den Bundespräsidenten zu wählen. Sie setzt sich zusammen aus den Mitgliedern des Bundestages und einer gleichen Anzahl von Mitgliedern, die von den Volksvertretungen der Länder gewählt werden.

Der Bundespräsident hat u. a. folgende Aufgaben:

1. Der Bundespräsident vertritt den Bund völkerrechtlich.
2. Er ernennt und entläßt die Bundesrichter und die Bundesbeamten.
3. Er übt im Einzelfall das Begnadigungsrecht aus.
4. Er schlägt den Bundeskanzler vor.
5. Er ernennt auf dessen Vorschlag die Bundesminister.

Die Befugnisse nach Punkt 2 und 3 kann er auf andere Behörden übertragen.

Der sechste Abschnitt trifft Bestimmungen über die Bundesregierung. Sie besteht aus dem Bundeskanzler und den Bundesministern.

Der Bundeskanzler wird auf Vorschlag des Bundespräsidenten vom Bundestag ohne Aussprache gewählt.

Die Bundesminister werden auf Vorschlag des Bundeskanzlers vom Bundespräsidenten ernannt und entlassen.

Im siebenten Abschnitt wird die Gesetzgebung des Bundes geregelt. Hierbei sind zwei Punkte wichtig:

1. Das Recht der Gesetzgebung wird den Ländern zugestanden, allerdings mit der Einschränkung, daß der Bund ebenfalls Gesetze erlassen kann, zu denen ihn das Grundgesetz ermächtigt.

Durch diese Bestimmung soll vermieden werden, daß eine zu starke Zentralgewalt die Eigenart und Existenz der Bundesländer bedroht.

2. Die vom Bundestag beschlossenen Gesetze unterliegen einer Überprüfung durch den Bundesrat, der seinen Einfluß durch einen aus Mitgliedern des Bundestages und Bundesrates bestehenden Ausschuß ausüben und durch sein

Einspruchsrecht die erneute Stellungnahme des Bundestages zu dem beschlossenen Gesetz veranlassen kann.

Von den übrigen Abschnitten des Grundgesetzes ist noch der über die **Rechtsprechung** besonders hervorzuheben. Hier wird die rechtsprechende Gewalt in die Hände unabhängiger Richter gelegt, und Maßnahmen werden festgelegt, die den Rechtsstaat garantieren.

Inzwischen ist der Bundestag am 14. August 1949 vom Volke gewählt worden und erstmalig am 7. September 1949 in der provisorischen Bundeshauptstadt Bonn zusammengetreten. Am gleichen Tage versammelte sich auch der Bundesrat. Am 12. September 1949 wählte die Bundesversammlung den Bundespräsidenten.

Auf seinen Vorschlag wurde vom Bundestag der Bundeskanzler gewählt und eine Bundesregierung gebildet. Sie besteht aus folgenden Ministerien:

1. Bundesministerium für Inneres,
2. ,, ,, Finanzen,
3. ,, ,, Wirtschaft,
4. ,, ,, Arbeit,
5. ,, ,, Justiz,
6. ,, ,, Post,
7. ,, ,, Verkehr,
8. ,, ,, Ernährung und Landwirtschaft,
9. ,, ,, gesamtdeutsche Fragen,
10. ,, ,, Angelegenheiten des Marshallplanes,
11. ,, ,, Angelegenheiten der Vertriebenen,
12. ,, ,, Wohnungsbau,
13. ,, ,, Angelegenheiten des Bundesrates.

Zusammenfassung:

Durch die Verwirklichung des Grundgesetzes vom 23. 5. 1949 besteht die Bundesrepublik Deutschland aus elf westdeutschen Ländern, von denen jedes einzelne Land seine eigene Regierung und Volksvertretung hat. Die provisorische Bundeshauptstadt ist Bonn, die Bundesflagge schwarz-rot-gold.

An der Spitze der Bundesrepublik steht der Bundespräsident. Bundestag und Bundesrat bilden die gesetzgebenden Körperschaften.

Die Bundesregierung setzt sich aus dem Bundeskanzler und 13 Bundesministern zusammen.

Der Bundeskanzler wird auf Vorschlag des Bundespräsidenten vom Bundestag gewählt. Die Bundesminister werden auf Vorschlag des Bundeskanzlers vom Bundespräsidenten ernannt.

Die Staatsgewalt geht vom Volke aus, das seinen Willen durch Wahlen und Abstimmungen zum Ausdruck bringt.

Steuerwesen

Steuern werden im allgemeinen nicht gern bezahlt. Das hat seinen Grund darin, daß der Steuerzahler im Augenblick der Zahlung keine Gegenleistung und auch keine Gegengabe für sein Geld sieht. Trotzdem kann aber ein geordnetes Staatswesen auf die Erhebung von Steuern nicht verzichten. Wohl stehen dem Staat und den öffentlichen Gemeinwesen aus ihren Unternehmungen Erwerbseinkünfte zur Verfügung. Diese Einnahmen aus den Staatsbanken, der Staatslotterie, den Gas-, Elektrizitäts- und Wasserwerken, den Monopolen usw. sowie die Gebühren für die Inanspruchnahme staatlicher Dienstleistungen reichen aber bei weitem für den großen Finanzbedarf eines modernen Staates nicht aus. Die Erhebung von Steuern bleibt unvermeidlich. Aus diesem Grunde muß sich der Handwerksmeister schon in seinem eigenen Interesse mit dem Steuerwesen befassen, muß davon so viel wissen, wie er für sich und seinen Betrieb braucht. Besonders wichtig für ihn sind:

Der Aufbau der Steuerbehörden und die Einteilung der Steuern:

Der Handwerksmeister muß wissen, mit welchen Stellen er es in Steuersachen zu tun hat und zu diesem Zwecke auch die Einteilung der Steuern kennen.

Der Rechtsmittelweg:

Der Handwerksmeister muß wissen, was er zu tun hat, wenn er mit einem Steuerbescheid nicht einverstanden ist.

Die einzelnen ihn besonders betreffenden Steuern:

Der Handwerksmeister muß wissen, wie sich die Einkommensteuer, die Lohnsteuer, die Umsatzsteuer, die Gewerbesteuer und die Vermögenssteuer aufbauen.

Die Formalitäten in Steuersachen:

Der Handwerksmeister muß wissen, wie er mit Steuererklärungen umzugehen und welche Termine er einzuhalten hat.

Der Aufbau der Steuerbehörden

(gilt nicht für Berlin)

A. Das Finanzamt

In erster Linie hat es der Handwerker mit dem Finanzamt zu tun. Es ist diejenige Steuerbehörde, die im direkten Verkehr mit den Steuerpflichtigen steht. In großen Gemeinden gibt es mehrere Finanzämter, die sich wieder der Hilfe der Steuerämter bedienen. Die Steuerämter sind im allgemeinen als Hilfsstellen der Finanzämter anzusehen. Das Finanzamt hat die Steuerpflichtigen zu erfassen und zu den Steuern zu veranlagen. Es hat auf pünktliche Steuerzahlungen zu achten und gegebenenfalls die Steuern zwangsweise beizutreiben.

Dem Finanzamt sind Beiräte zur Seite gestellt, die sich aus Vertretern der Steuerpflichtigen, vor allem aus Vertretern der Wirtschaft zusammensetzen. Diese Beiräte haben bei der Veranlagung der Steuerpflichtigen mitzuwirken.

Dem Finanzamt ist ein Finanzgericht eingegliedert, das in Steuerstreitfällen zu entscheiden hat.

B. Das Landesfinanzamt bzw. der Oberfinanzpräsident

Die Finanzämter werden vom Landesfinanzamt bzw. vom Oberfinanzpräsidenten beaufsichtigt.

C. Das Finanzministerium

Die oberste Aufsichtsbehörde ist das Finanzministerium. Es ist in Finanzsachen die höchste Instanz.

Der Rechtsmittelweg

(gilt nicht für Berlin)

Wenn ein Steuerpflichtiger mit der Höhe seines Steuerbescheids nicht einverstanden ist, so kann er dagegen angehen. Auf jedem Steuerbescheid ist die Stelle bezeichnet, an die er sich wenden kann. Es ist völlig falsch, wenn der Steuerpflichtige von diesem vorgeschriebenen Weg abweicht und glaubt, er müsse sich gleich mit einer höheren Stelle in Verbindung setzen. Diese Stelle könnte nichts anderes tun, als seine Angelegenheit an die zuständige Steuerbehörde zurückzugeben, da nur diese die Unterlagen zur Beurteilung des Falles hat. Im allgemeinen ist folgender Rechtsmittelweg vorgeschrieben:

Einspruch bzw. Anfechtung beim Finanzamt oder der Stelle, die den Steuerbescheid erlassen hat. Wird der Einspruch zurückgewiesen, dann ist

Berufungsklage beim Finanzgericht des zuständigen Finanzamtes möglich. In einzelnen Bundesländern ist die Berufung an den Oberfinanzpräsidenten zu richten. Gegen deren Entscheidungen ist unter besonderen Voraussetzungen noch die Rechtsbeschwerde beim Obersten Finanzhof München gegeben. Die Rechtsmittel sind innerhalb eines Monats vom Tage der Zustellung des Steuerbescheids oder der Entscheidung schriftlich oder zu Protokoll einzulegen. Eine ausführliche Begründung und Anführung der Beweismittel sind beizufügen. Die Einreichung hat keine aufschiebende Wirkung. Deshalb ist gleichzeitig ein Gesuch um Stundung der Steuer mit vorzulegen.

Bei den Steuern, die als Gemeindesteuern anzusehen sind, z. B. Gewerbesteuer und Grundsteuer, ist der Rechtsmittelweg gesondert geregelt.

Der angegebene Rechtsmittelweg gilt für Fälle, die einen Steuerstreit betreffen. Handelt es sich um Steuerstrafsachen, z. B. Steuerhinterziehung, Steuerhehlerei usw., dann ist ein ganz anderer Weg vorgeschrieben. In solchen Fällen ist die Beiziehung eines Steueranwalts dringend nötig.

Die Einteilung der Steuern

1. Direkte Steuern:
   Die Steuern werden vom Steuerpflichtigen direkt getragen, z. B. Einkommensteuer.
2. Indirekte Steuern:
   Die Steuern werden mit dem Warenpreis entrichtet

oder

1. Verbrauchssteuern und Zölle, z. B. Tabaksteuer, Biersteuer.
2. Besitz- und Verkehrssteuern, z. B. Einkommensteuer, Gewerbesteuer, Umsatzsteuer, Vermögensteuer.

Die Steuern im einzelnen

A. Die Einkommensteuer

(gilt nicht für Berlin)

Besteuert wird bei der Einkommensteuer das Einkommen. Es setzt sich aus den Einkünften des Steuerpflichtigen zusammen. Die wichtigste Art der Einkünfte des selbständigen Handwerkers ist der Gewinn aus dem Handwerksbetrieb. Der Gewinn wird in der bei der Buchführung gezeigten Weise ermittelt. Vom Gewinn dürfen Werbungskosten und Sonderausgaben abgezogen werden.

Werbungskosten sind Aufwendungen, die zur Erwerbung, Sicherung und Erhaltung der Einnahmen dienen. Hierher gehören z. B. Aufwendungen für Werkzeuge und Berufskleidung, Fahrten zwischen Wohnung und Arbeitsstätte usw. Diese Ausgaben werden für gewöhnlich beim selbständigen Handwerker als Betriebsausgaben angesehen und auf Unkosten verbucht. In diesem Falle dürfen sie am Schlusse nicht noch einmal abgezogen werden.

Sonderausgaben sind im Gesetz festgelegt (nach dem Stande vom 2. 5. 1950). Zu ihnen gehören u. a.

1. Schuldzinsen,
2. folgende Aufwendungen zu steuerbegünstigten Zwecken:
   a) Beiträge und Versicherungsprämien zur Krankenkasse und Unfallversicherung, Haftpflicht, Angestelltenversicherung, Invalidenversicherung, Erwerbslosenversicherung und zu Versicherungen auf den Lebens- oder Todesfall und zu Witwen-, Waisenversorgungs- und Sterbekassen,
   b) Beiträge an Bausparkassen zur Erlangung von Baudarlehen,
   c) Aufwendungen für den ersten Erwerb von Anteilen an Bau- und Wohnungsgenossenschaften,

d) Beiträge auf Grund der Kapitalansammlungsverträge, wenn der Zweck als steuerbegünstigt anzusehen ist,

e) Ausgaben zur Förderung gemeinnütziger, mildtätiger, kirchlicher, religiöser und wissenschaftlicher Zwecke, wenn diese Zwecke als steuerbegünstigt anzusehen sind,

3. Verluste der letzten 3 Jahre,
4. bezahlte Kirchensteuern,
5. bezahlte Vermögenssteuern.

Für den Abzug gelten bei jeder Gruppe besondere Bestimmungen. Vielfach sind die Abzüge nach oben begrenzt, so sind z. B. für Abzüge von Versicherungsprämien usw. (Punkt 2) für jeden Steuerpflichtigen im allgemeinen nur DM 800,— im Jahr abzugsfähig, ein Betrag, der sich um DM 400,— für die Ehefrau und um weitere DM 400,—für jedes Kind erhöht, für das Kinderermäßigung zugestanden wird.

Die Bestimmungen im einzelnen hier anzuführen, ginge über den Rahmen des Prüfungsstoffes hinaus. Es empfiehlt sich deshalb, im gegebenen Falle Erkundigungen beim zuständigen Finanzamt einzuziehen bzw. im Bundesgesetzblatt Nr. 17 vom 2. Mai 1950 nachzuschlagen.

Das Gesetz enthält außerdem noch Steuerbegünstigungen für nicht entnommenen Gewinn (abzugsfähig ist die Hälfte des nicht entnommenen Gewinns bis zu 15% des Gesamtgewinns), Freibeträge für die Wiederbeschaffung von Hausrat und Kleidung für Flüchtlinge, Vertriebene usw. und Bestimmungen über Bewertungsfreiheit für Ersatzbeschaffung beweglicher Wirtschaftsgüter bis zu 50% außer der üblichen Abschreibung.

Nach Berücksichtigung der abzugsfähigen Ausgaben und sonstigen Steuerbegünstigungen ist der Betrag ermittelt, der als steuerpflichtig anzusehen ist. Die Errechnung der Einkommensteuer richtet sich nach einer gesetzlich festgelegten Tabelle, die den Einkommensteuertarif darstellt. Die Steuerpflichtigen werden dabei in 3 Steuerklassen eingeteilt:

Steuerklasse 1: Personen, die weder zu Beginn des Veranlagungszeitraumes noch mindestens 4 Monate in diesem Zeitraum verheiratet waren (Ledige),

Steuerklasse 2: Verheiratete Personen sowie unverheiratete Personen, die das 65. Lebensjahr vollendet haben,

Steuerklasse 3: Personen, denen Kinderermäßigung zusteht oder auf Antrag gewährt wird.

Die Veranlagung zur Einkommensteuer erfolgt nach dem Kalenderjahr. Ehegatten und Kinder werden zusammen veranlagt, es sei denn, sie verdienen im fremden Betrieb.

Eine Ermäßigung der Einkommensteuer ist möglich, wenn die wirtschaftlichen Verhältnisse die steuerliche Leistungsfähigkeit wesentlich beeinträchtigen und eine außergewöhnliche Belastung vorliegt, z. B. notwendige Ausgaben wegen Krankheit, Todesfall, Unglücksfall usw.

Die Entrichtung der Einkommensteuer hat vierteljährlich zu den vorgeschriebenen Terminen zu erfolgen.

Die Lohnsteuer

Besteuert wird der Bruttolohn unter evtl. Hinzurechnung von Sachbezügen.

Die Lohnsteuer wird wie die Einkommensteuer nach einer gesetzlich festgelegten Lohnsteuertabelle berechnet, vom Lohn abgezogen und vom Arbeitgeber der Steuerstelle zugeführt.

Werbungskosten und Sonderausgaben sind ebenfalls abzugsfähig. Der Einfachheit halber sind für jeden Monatslohn DM 65,— (gilt nicht für Berlin) als abzugsfähiger Pauschalbetrag in die Lohnsteuersätze hineingearbeitet, d. h. bis zu diesem Betrag sind die Abzüge für Werbungskosten und Sonderausgaben schon im Steuersatz berücksichtigt.

Lohnsteuerpflichtige, die höhere Werbungs- und Sonderausgaben nachweisen können, haben das Recht, Antrag auf Lohnsteuerermäßigung zu stellen. Dieser hat bei der Lohnsteuerstelle des zuständigen Finanzamtes zu erfolgen.

Ermäßigungen der Lohnsteuer wegen außergewöhnlicher Belastung sind unter gleichen Voraussetzungen möglich, wie bei der Einkommensteuer. Mehrarbeit ist nur mit 5% zu versteuern, Mehrarbeitszuschläge bleiben steuerfrei.

Die Umsatzsteuer

Die Umsatzsteuer besteuert den Umsatz. Man versteht darunter alle vereinnahmten Entgelte, die aus Lieferung und Leistung fließen sowie den Eigenverbrauch.

Diese umsatzsteuerpflichtigen Einnahmen sind laufend aufzuzeichnen und zu versteuern.

Steuersätze:

1. Allgemeiner Steuersatz: 3%
2. Bei Umsätzen land- und forstwirtschaftlicher Erzeugnisse, Backwaren usw.: 1½%
3. Bei Umsätzen im Großhandel: ¾%
4. Bei Umsätzen von Großunternehmern im Einzelhandel: 3¾%.

Steuerfrei sind:

1. alle Einnahmen aus Vermietung und Verpachtung,
2. Naturalleistungen an Arbeiter und Angestellte für geleistete Dienste,
3. Versicherung und Fracht, wenn sie getrennt in Rechnung gestellt werden,

4. Verpackung, wenn der Wert getrennt in Rechnung gestellt wird,
5. Vereinnahmte Entgelte für Lieferungen in das Ausland.

Die Umsatzsteuer ist vierteljährlich als Vorauszahlung für das laufende Kalenderjahr zu entrichten.

Die Vermögensteuer

Besteuert wird das Reinvermögen. Man versteht darunter das Gesamtvermögen abzüglich der vorhandenen Schulden. Die Bewertung des Vermögens unterliegt den Vorschriften des Reichsbewertungsgesetzes. Für den Gewerbebetrieb, das Grundvermögen (Hausbesitz) und das landwirtschaftliche Vermögen werden vom Finanzamt Einheitswerte festgesetzt. Der Steuerpflichtige erhält darüber einen Einheitswertbescheid.

Steuerfrei sind z. Zt. (gilt nicht für Berlin):

DM 10000,— für jeden Steuerpflichtigen, weitere
DM 10000,— für die Ehefrau und
DM 5000,— für jedes Kind bis zu 18 Jahren.

Personen, die über 60 Jahre alt sind, erhalten unter bestimmten Voraussetzungen außer Steuerfreiheit für DM 10000,— Vermögen einen weiteren Betrag von DM 10000,— ihres Vermögens als steuerfreien Betrag zugebilligt.

Steuersatz:
7,5 v. Tausend.

Die Gewerbesteuer

Die Gewerbesteuer ist eine Gemeindesteuer. Sie besteuert das Gewerbe, d. h. vornehmlich den Gewerbeertrag und das Gewerbekapital. Für bestimmte Betriebsarten wird von manchen Gemeinden auch noch die Lohnsumme als Besteuerungsgrundlage mit herangezogen. Das Handwerk kommt jedoch hierfür nicht in Betracht, weshalb es genügt, Gewerbeertrag und Gewerbekapital als Besteuerungsgrundlage anzusehen.

Praktisch wird zunächst eine Abgabe vom Gewerbeertrag und eine solche vom Gewerbekapital errechnet. Die Summe dieser nur errechneten Abgaben bezeichnet man als Steuermeßbetrag. Der Steuermeßbetrag wird von den Finanzämtern errechnet und den Gemeinden mitgeteilt. Diese erheben dann je nach ihrem Finanzbedarf einen bestimmten Prozentsatz vom Steuermeßbetrag. Diesen Prozentsatz nennt man Hebesatz. Einfach wird die Berechnung der Steuer, wenn man sich folgendes Schema einprägt:

Gewerbeertragsabgabe
\+ Gewerbekapitalabgabe
\= Steuermeßbetrag % Hebesatz hiervon = Gewerbesteuer-Betrag.

Wie errechnen wir nun den Gewerbeertrag und die Gewerbeertragsabgabe?

a) Gewerbeertrag:

Das Gesetz legt dem Gewerbeertrag den Gewinn zugrunde. Es führt jedoch dabei an, daß Hinzurechnungen und Kürzungen verschiedener Art dabei zu berücksichtigen sind. Diese einzeln zu behandeln, würde hier zu weit führen. Beachtung verdienen lediglich die Posten, die für den Handwerker in Frage kommen könnten.

Folgendes Schema erleichtert das Verständnis für die Errechnung des Gewerbeertrages:

Gewinn lt. Buchführung	DM ......
+ Zinsen für Dauerschulden	DM ......
— 3% des Einheitswertes des eigenen Betriebsgrundstückes	DM ......
Gewerbeertrag:	DM ......

Zinsen für Dauerschulden und Prozente für Einheitswert des Betriebsgrundstücks können natürlich nur angesetzt werden, wenn solche vorhanden sind, sonst wird eben der Gewinn als Gewerbeertrag angenommen.

b) Gewerbeertragsabgabe:

Die Abgabe wird nach der sogenannten Staffelmethode errechnet, indem man Erträge bis DM 1200,— jährlich steuerfrei läßt und dann staffelweise die Abgabe errechnet. Die Staffel sieht so aus:

	Steuermeßzahl	
für die ersten DM 1200,— Gew.-Ertrag	0%	= —,—
für die zweiten DM 1200,— Gew.-Ertrag	1%	= 12,—
für die dritten DM 1200,— Gew.-Ertrag	2%	= 24,—
für die vierten DM 1200,— Gew.-Ertrag	3%	= 36,—
für die fünften DM 1200,— Gew.-Ertrag	4%	= 48,—
für alle weiteren Beträge	5%	

Beispiel: Gewerbeertrag DM 4800,—

für die ersten DM 1200,—	0%	= —,— DM
für die zweiten DM 1200,—	1%	= 12,— DM
für die dritten DM 1200,—	2%	= 24,— DM
für die vierten DM 1200,—	3%	= 36,— DM
Gewerbeertragsabgabe:		72,— DM

Wie errechnen wir das Gewerbekapital und die Gewerbekapitalabgabe?

a) Gewerbekapital:

Das Gesetz legt dem Gewerbekapital den Einheitswert des Geschäfts zugrunde. Dieser wird dem Steuerpflichtigen durch das Finanzamt schriftlich mitgeteilt.

Auch hier berücksichtigt das Gesetz verschiedene Hinzurechnungen und Kürzungen.

Für den Handwerker genügt die Beachtung folgenden Schemas:

	Einheitswert des Geschäfts	DM ......
+	Dauerschulden	DM ......
–	Einheitswert des eigenen Betriebsgrundstückes	DM ......
	Gewerbekapital:	DM ......

Hinsichtlich der Dauerschulden und des Betriebsgrundstücks gilt dasselbe wie beim Gewerbeertrag Gesagte. Sind keine Dauerschulden und kein eigenes Betriebsgrundstück vorhanden, dann wird der Einheitswert des Geschäfts als Gewerbekapital angenommen.

b) Gewerbekapitalabgabe:

Die Abgabe läßt Gewerbekapital bis DM 3000,— steuerfrei. Es wird also keine Abgabe errechnet, wenn das Gewerbekapital unter DM 3000,— liegt. Sobald es aber darüber liegt, kommt es zur Errechnung der Abgabe.

Die Kapitalsumme wird nach unten auf volle Tausend abgerundet. Dann werden 2 vom Tausend als Abgabe errechnet.

Beispiel:	Gewerbekapital	DM 11500,—
	abgerundet	DM 11000
	davon 2 v. T. =	DM 22,— Abgabe.

Hauptbeispiel zur Errechnung der Gewerbesteuer:

Gegeben sind: Gewinn lt. Buchführung DM 17500,—, Dauerschulden mit 5% zu verzinsen DM 20000,—, Einheitswert des eigenen Betriebsgrundstücks DM 70000,—, Einheitswert des Betriebes DM 120000,—, Hebesatz der Gemeinde 250%.

Die Errechnung der Gewerbeertragsabgabe:

	Gewinn lt. Buchführung	DM 17500,—
+	Zinsen für Dauerschulden (5% v. DM 20000,—)	DM 1000,—
		DM 18500,—
–	3% des Einheitswertes des eigenen Betriebsgrundstücks (DM 70000,—)	DM 2100,—
	= Gewerbeertrag:	DM 16400,—

für die 1. DM 1200,—	0%	=	—,— DM
für die 2. DM 1200,—	1%	=	12,— DM
für die 3. DM 1200,—	2%	=	24,— DM
für die 4. DM 1200,—	3%	=	36,— DM
für die 5. DM 1200,—	4%	=	48,— DM
für die übrigen 10400,— DM	5%	=	520,— DM
Gewerbeertragsabgabe:			640,— DM

Die Errechnung der Gewerbekapitalabgabe:

Einheitswert des Geschäfts	DM 120000,–
+ Dauerschulden	DM 20000,–
	DM 140000,–
— Einheitswert des eigenen Betriebsgrundstücks	DM 70000,–
= Gewerbekapital:	DM 70000,–
Hiervon 2 v. T. = Gewerbekapitalabgabe:	DM 140,–

Die Errechnung der Gewerbesteuer:

Gewerbeertragsabgabe	DM 640,–
+ Gewerbekapitalabgabe	DM 140,–
= Steuermeßbetrag	DM 780,–
davon 250% Hebesatz = Gewerbesteuer:	DM 1950,–

Demnach beträgt der zu entrichtende Betrag für die Gewerbesteuer DM 1950,—.

Die Formalitäten in Steuersachen

Viel Zeit und Mühe können gespart werden, wenn der Handwerker seinen Steuerangelegenheiten von allem Anfang an die nötige Aufmerksamkeit und Sorgfalt widmet.

Die Buchführung mit ihren Belegen hat in Ordnung zu sein. Das ist das Hauptgebot. Dann erledigen sich die Steuersachen ohne Schwierigkeiten.

Der selbständige Handwerker ist zur Abgabe von Steuererklärungen, soweit die einzelnen Gesetze es vorschreiben, verpflichtet. Dies trifft vornehmlich für die Einkommensteuer, Umsatzsteuer und Gewerbesteuer zu. Die Steuererklärungen sind sorgfältig auszuführen und fristgemäß abzuliefern, da sonst Säumniszuschläge erfolgen können. Bei unklaren Fällen ist es ratsam, einen Steuerberater heranzuziehen.

Die Steuererklärungen bilden die Grundlage für die Steuerveranlagungen. Diese werden vom Finanzamt vorgenommen. Der Steuerpflichtige erhält darüber einen Steuerbescheid. Der Steuerbescheid muß die Höhe der Steuer enthalten, ferner einen Hinweis auf den Rechtsmittelweg. Vom Tage der Zustellung des Steuerbescheids beginnt die Frist zu laufen, innerhalb deren gegen den Steuerbescheid angegangen werden kann. Die Frist beträgt gewöhnlich einen Monat.

Die Steuerzahlung hat pünktlich zu erfolgen. Ist dies nicht zu ermöglichen, so kann ein Antrag auf Stundung der Steuer eingereicht werden, der ausführlich begründet und mit Beweismitteln versehen sein muß. Dieser Antrag muß vor Ablauf der Zahlungsfrist eingereicht werden.

Die Einlegung von Rechtsmitteln hebt die Verpflichtung zur pünktlichen Steuerzahlung nicht auf. Deshalb ist es, wie bereits an anderer Stelle erwähnt, unbedingt nötig, dem Einspruch einen Stundungsantrag beizufügen.

Die eingetragene Genossenschaft

Gesetzliche Grundlage:
Genossenschaftsgesetz.
Zweck des genossenschaftlichen Zusammenschlusses:
Förderung des Erwerbs und der Wirtschaft der einzelnen Mitglieder.
Gründer der gewerblichen Genossenschaften:
Kreisrichter Schulze-Delitzsch (1808—1883),
Gründer der landwirtschaftlichen Genossenschaften:
F. W. Raiffeisen (1818—1888).

Der genossenschaftliche Gedanke ist aus der Erkenntnis einer gewissen wirtschaftlichen Schwäche hervorgegangen. Die genossenschaftliche Verbindung, der genossenschaftliche Zusammenschluß, stellen eine Art Selbsthilfe dar gegen andringende Konkurrenz seitens der Großunternehmungen. Während bei den kaufmännischen Kapitalgesellschaften, der Aktiengesellschaft oder der Gesellschaft mit beschränkter Haftung (G. m. b. H.), der Kapitalanteil der Beteiligten im Vordergrund steht, wird die Genossenschaft von dem persönlichen Moment beherrscht. Bei der Genossenschaft steht nicht das Kapital sondern der Kreis der zusammengeschlossenen Genossen in der Vorderlinie.

Dies geht aus dem Aufbau der Genossenschaft und ihren gesamten Rechtsverhältnissen hervor.

So wird das Genossenschaftsvermögen durch Pflichtbeiträge der Mitglieder gebildet. Es soll dem Geschäftsbetrieb dienen und kann sich durch Gewinn mehren und durch Verlust mindern. Während also bei den Kapitalgesellschaften der Gewinn verteilt und der Verlust aus den gesetzlichen Reserven gedeckt wird, wird bei den Genossenschaften der Gewinn dem Genossenschaftsvermögen zugeschlagen und der Verlust abgezogen. Das Genossenschaftsvermögen ist daher immer Schwankungen unterworfen.

Die Genossenschaft erlangt ihre Rechtsfähigkeit durch Eintragung in das Genossenschaftsregister. Sie wird durch diese Eintragung zugleich Vollkaufmann im Sinne des Handelsgesetzbuches.

Die Organe der Genossenschaft sind

1. der Vorstand mit mindestens 2 Mitgliedern,
2. der Aufsichtsrat mit mindestens 3 Mitgliedern,
3. die Generalversammlung.

Der Vorstand

hat die Geschäfte zu führen und ist gesetzlich verpflichtet, über die beteiligten Genossen ein Verzeichnis zu führen. Auch hat er scharf darauf zu achten, daß die genossenschaftsrechtlichen Bestimmungen genau eingehalten werden. Er ist an die Satzung und die Beschlüsse der Generalversammlung gebunden.

Der Aufsichtsrat

ist das Kontrollorgan der Genossenschaft. Er hat die Geschäftsführung zu überwachen und die Jahresrechnung nachzuprüfen.

Die Generalversammlung

besteht aus den Mitgliedern der Genossenschaft, den Genossen. Sie hat u. a. den Vorstand und Aufsichtsrat zu wählen, die Bilanz zu genehmigen, sowie über Satzungsänderungen zu beschließen.

In der Generalversammlung hat jeder Genosse nur eine Stimme ohne Rücksicht auf die Zahl seiner Geschäftsanteile.

Die Gründung der Genossenschaft

Zur Gründung einer Genossenschaft sind mindestens 7 Personen nötig. Die Gründer haben in der Gründungsversammlung eine Satzung aufzustellen, den Vorstand und den Aufsichtsrat zu wählen. Sie haben eine Mitgliederliste anzufertigen und an das Amtsgericht weiterzuleiten.

Die Satzung

Die Genossenschaftssatzung ist eine Zusammenstellung von Bestimmungen, die festlegen, was innerhalb der Genossenschaft als Recht gelten soll. Vor allem müssen

1. die Bezeichnung der Genossenschaft (Firma),
2. der Sitz und Gegenstand des Unternehmens,
3. die Haftungsart der Genossen,
4. die Angabe der Höhe der Geschäftsanteile enthalten sein.

Die Rechtsverhältnisse in der Genossenschaft knüpfen sich an die Person.

Deshalb hat auch

der Geschäftsanteil

eine andere Bedeutung als bei den kaufmännischen Gesellschaftsunternehmungen. Er stellt den Mindestbetrag dar, mit dem sich der Genosse an der Genossenschaft beteiligen muß; dabei steht es ihm frei, wieviel solcher Anteile er zeichnen will. Beim Eintritt in die Genossenschaft braucht zunächst nur ein Teil des gezeichneten Betrages eingezahlt werden. Er bildet das Geschäftsguthaben des einzelnen Genossen, das sich mehren oder mindern kann, je nach Geschäftsgang.

Die Mitgliedschaft

Die Genossenschaft hat keine geschlossene Mitgliederzahl. Der Ein- und Austritt von Mitgliedern ist gestattet. Begründet wird die Mitgliedschaft nicht durch Anteilerwerb wie bei den Kapitalgesellschaften sondern durch Beitrittserklärung. Nach Abgabe und Genehmigung der Beitrittserklärung erfolgt die Zulassung und Eintragung der Mitglieder in die Genossenliste. Sie wird ebenso wie das Genossenschaftsregister beim Amtsgericht geführt und darf mit diesem nicht verwechselt werden.

Ausscheiden aus der Genossenschaft

Das Ausscheiden aus der Genossenschaft kann erfolgen durch

1. schriftliche Aufkündigung,
2. Austrittserklärung bei Wohnsitzwechsel,

3. Übertragung des Geschäftsguthabens,
4. Ausschließung.

Die Arten der Genossenschaften

A. Nach dem Zweck:

1. Einkaufsgenossenschaften,
2. Rohstoffgenossenschaften,
3. Absatzgenossenschaften,
4. Produktionsgenossenschaften,
5. Kreditgenossenschaften,
6. Konsumgenossenschaften usw.

B. Nach der Haftung:

Im allgemeinen haftet für die Verbindlichkeiten der Genossenschaft das Genossenschaftsvermögen. Im Konkursfall haften für den Ausfall die Genossen je nach den Bestimmungen der Satzung. Deshalb ist jedem, der Mitglied einer Genossenschaft werden will, dringend zu raten, vor Unterzeichnung der Beitrittserklärung die neueste Satzung der Genossenschaft genau durchzulesen und zu prüfen.

1. Die eingetragene Genossenschaft mit unbeschränkter Haftung:

Jeder Genosse haftet für den Konkursausfall unbeschränkt mit seinem ganzen Vermögen. Für den Handwerker kommt diese Art der Genossenschaften nicht in Betracht.

2. Die eingetragene Genossenschaft mit beschränkter Haftung:

Hier ist die Haftungshöchstsumme durch die Satzung bestimmt. Sie muß mindestens so hoch wie der Betrag der gezeichneten Geschäftsanteile sein.

Prüfung der Genossenschaft

Die Genossenschaft ist mindestens in jedem 2. Jahre durch einen vom Staat anerkannten Revisionsverband zu überprüfen.

Auflösung der Genossenschaft

Die Auflösung der Genossenschaft erfolgt durch Beschluß der Generalversammlung mit $3/4$ Mehrheit. Das Vermögen wird nicht vor Ablauf eines Jahres verteilt.

Zusammenfassung:

Die eingetragene Genossenschaft
Gesetzliche Grundlage:
Genossenschaftsgesetz.
Zweck:
Förderung des Erwerbs und der Wirtschaft der einzelnen Mitglieder.
Gründer der gewerblichen Genossenschaften:
Kreisrichter Schulze-Delitzsch (1808–1883).

Aufbau:
Vorstand (mindestens 2),
Aufsichtsrat (mindestens 3),
Generalversammlung.
Jedes Mitglied hat in der Generalversammlung nur eine Stimme ohne Rücksicht auf die Zahl seiner Geschäftsanteile.
Satzung:
für die Genossenschaftsmitglieder sehr wichtig, vor allem hinsichtlich der Haftung und der Höhe der Geschäftsanteile.
Mitgliedschaft:
erfolgt durch Beitrittserklärung und Eintragung in die Genossenliste (beim Amtsgericht).
Ausscheiden:
durch schriftliche Aufkündigung,
Austrittserklärung bei Wohnsitzwechsel,
Übertragung des Geschäftsguthabens,
Ausschlußerklärung.
Arten der Genossenschaften:
A. Nach dem Zweck:
1. Einkaufsgenossenschaften,
2. Rohstoffgenossenschaften,
3. Absatzgenossenschaften,
4. Produktionsgenossenschaften,
5. Kreditgenossenschaften,
6. Konsumgenossenschaften usw.

B. Nach der Haftung:
1. eingetragene Genossenschaft mit beschränkter Haftung, Höhe der Haftung bestimmt die Satzung. Mindesthaftung jedoch gleich der Summe der gezeichneten Geschäftsanteile.
2. eingetragene Genossenschaft mit unbeschränkter Haftung,
Haftung mit dem gesamten persönlichen Vermögen solidarisch und unbeschränkt.

Auflösung:
durch Generalversammlung mit ¾ Mehrheit. Vermögen wird nicht vor Ablauf eines Jahres verteilt.

Der Wechsel

Der Wechsel ist eine übertragbare Schuldurkunde in gesetzlich vorgeschriebener Form, die den Aussteller oder eine dritte Person verpflichtet, zu einer bestimmten Zeit eine bestimmte Summe zu zahlen.

In der Praxis ist der Wechsel vornehmlich ein Kreditmittel. Er wird an Stelle von Geld mit in Zahlung gegeben und hat damit auch gewisse Eigenschaften eines Zahlungsmittels. Schlechthin ihn als Zahlungsmittel anzusehen, wäre falsch, da er vom Zahlungsempfänger nicht angenommen zu werden braucht.

Wenn man den Wechsel für die Praxis verstehen will, muß man ihn aus der Praxis heraus ansehen, dann ist alles, was man über ihn wissen muß, ganz leicht verständlich.

Wie sieht zunächst ein Wechsel aus?

Wechsel

Ort und Datum der Ausstellung: Zahlungsort: Verfalltag:

Am ....

zahlen Sie gegen diesen Wechsel DM ....

Deutsche Mark ....

an (Betrag in Worten)

Bezogener: Unterschrift des Ausstellers

in:

Vorstehender Wechsel enthält im Text die Zahlungsanweisung „Zahlen Sie". Der Aussteller weist damit eine dritte Person an, an einem bestimmten Tag eine bestimmte Geldsumme zu zahlen. Der Aussteller des Wechsels bezieht sich also hinsichtlich der Zahlungsverpflichtung auf eine dritte Person, den Bezogenen. Deshalb nennt man einen solchen Wechsel einen gezogenen Wechsel.

Neben diesem gezogenen Wechsel gibt es noch eine andere Art, die aber in der Praxis selten vorkommt. Das ist der eigene Wechsel (Sola-Wechsel).

Dieser eigene Wechsel sieht wie folgt aus:

Wechsel

Ort, Datum Verfalltag:

Am ....

zahle ich gegen diesen Wechsel DM ....

Deutsche Mark ....

an (Betrag in Worten)

Unterschrift des Ausstellers

Dieser Wechsel enthält im Text ein Zahlungsversprechen „zahle ich". Der Aussteller ist damit selbst der Zahlungspflichtige.

Der gezogene Wechsel

Meist sind bei der Ausstellung eines Wechsels drei Personen beteiligt.

Erstens derjenige, der den Wechsel ausstellt. Er ist der „Aussteller".

Zweitens derjenige, der die Einlösung des Wechsels übernimmt, sich dazu verpflichtet. Er ist der „Bezogene".

Drittens derjenige, der den Wechsel in Zahlung nimmt. Er ist der „Wechselnehmer".

Beispiel:

Schlossermeister Max Braun, Rosenheim, Talstr. 5, hat bei dem Kaufmann Richard Jurisch, München, Neuhauser Str. 12, ein Guthaben von DM 300,—. Gleichzeitig hat er an Stein & Co., Nürnberg, Mathildenstr. 10, eine Rechnung von DM 380,— zu zahlen. Zur Begleichung dieser Rechnung überweist er an Stein & Co. DM 80,— durch seine Bank und sendet gleichzeitig einen Wechsel, den er auf Jurisch zieht, in Höhe von DM 300,—.

Der Wechseltext würde dann lauten:

Am 15. Oktober 1949

zahlen Sie gegen diesen Wechsel DM 300,—

Deutsche Mark Dreihundert 00/00

an Stein & Co., Nürnberg.

Bezogener: Richard Jurisch — Max Braun
München — Rosenheim
Neuhauser Str. 12 — Talstr. 5

Es könnte aber auch sein, daß Max Braun, wenn er den Wechsel auf Richard Jurisch ausstellt, noch nicht weiß, ob er den Wechsel an Stein & Co. oder eine andere Lieferfirma geben wird. In diesem Falle nennt er den Namen des Wechselnehmers nicht, sondern er setzt an die Stelle des Namens die Bezeichnung „eigene Order".

Der Wechseltext würde dann lauten:

Am 15. Oktober 1949

zahlen Sie gegen diesen Wechsel DM 300,—

Deutsche Mark Dreihundert 00/00

an eigene Order.

Bezogener: Richard Jurisch — Max Braun
München — Rosenheim
Neuhauser Str. 12 — Talstr. 5

In diesem Falle kann dann Max Braun als Aussteller den Wechsel geben an wen er will, also auch an Stein & Co.

Und nun noch die dritte Möglichkeit:

Es könnte sein, daß Max Braun niemanden hat, den er als Zahlungspflichtigen nennen kann. Dann kann er sich selbst als Bezogenen nennen, er kann den Wechsel auf sich selbst ausstellen, womit er dann die Verpflichtung zur Einlösung des Wechsels selbst übernimmt.

Der Wechseltext würde dann lauten:

Am 15. Oktober 1949

zahlen Sie gegen diesen Wechsel DM 300,—

Deutsche Mark Dreihundert 00/00

an Stein & Co., Nürnberg.

Bezogener:	Max Braun Rosenheim Talstr. 5	Max Braun Rosenheim Talstr. 5

Auch hier könnte an die Stelle der Firma Stein & Co. die Bezeichnung eigene Order treten.

Sobald der Aussteller den Wechsel ausgestellt hat, muß er vor Weitergabe an den Wechselnehmer den Bezogenen veranlassen, durch seine Unterschrift die Verpflichtung zur Zahlung zu übernehmen. Diese Unterschrift des Bezogenen ist dann an einer bestimmten Stelle des Wechsels, nämlich am Kopf der Vorderseite durch Querschrift des Namens zu leisten.

Der Wechsel würde dann wie folgt aussehen:

Wechsel	Angenommen Richard Jurisch	Zahlungsort: München Verfall: 15. 10. 1949 Rosenheim, den 15. Juli 1949 Am 15. Oktober 1949 zahlen Sie gegen diesen Wechsel DM 300,— Deutsche Mark Dreihundert 00/00 an Order eigene Bezogener: Richard Jurisch Max Braun München Rosenheim Neuhauser Str. 12 Talstr. 5

Der Bezogene Jurisch hat durch Querschrift seines Namens die Zahlungsverpflichtung übernommen. Man nennt die Querschrift des Bezogenen den Annahmevermerk. Die Zahlungsverpflichtung ist angenommen. Deshalb auch die Bezeichnung „Akzept" für einen angenommenen Wechsel (accepter = annehmen). Will Braun selbst als Bezogener auftreten, dann muß er querschreiben.

Sobald der Bezogene die Unterschrift geleistet hat und den Wechsel an den Aussteller wieder zurücksendet, wird der Wechsel stempelpflichtig. Das bedeutet, daß der Bezogene den Wechsel auf der Rückseite an der Querseite mit einer

Wechselstempelmarke versehen muß. Die Wechselstempelmarken sind bei den Postanstalten erhältlich. Für je 100,— DM Wechselsumme sind 10 Pfg. Steuern zu entrichten. In unserem Falle müßte eine Marke zu 30 Pfg. aufgeklebt werden. Die Marke ist durch Eintragung des Datums zu entwerten.

Wenn der Aussteller den Wechsel ordnungsgemäß vom Bezogenen zurückerhalten hat, dann kann er ihn weitergeben. Ist der Wechselnehmer genannt, dann geschieht dies ohne weitere Formalitäten. Ist der Wechselnehmer nicht genannt, sondern der Vermerk „eigene Order" eingetragen, dann muß der Aussteller den Wechsel vor Weitergabe umdrehen und auf der Rückseite noch einmal seine Unterschrift leisten. Er kann sie auch mit dem Vermerk „für mich an die Order der Herren Stein & Co." verbinden.

Für mich an die Order
der Herren Stein & Co.
Max Braun.

Jeder, der den Wechsel weitergibt, hat das gleiche zu tun. Weil die Unterschrift auf dem Rücken des Wechsel geleistet wird, nennt man sie das *Indossament* (in dosso = im Rücken). Die Personen, die die Unterschrift leisten, heißen dann Indossanten. Man nennt das Indossament auch *Begebungsvermerk*.

Wechsel, die auf einen bestimmten Tag fällig werden, heißen *Tagwechsel*. Daneben kann man auch Wechsel ausstellen, die an dem Tag fällig werden sollen, an dem man sie zur Zahlung vorlegt. Diese Wechsel heißen *Sichtwechsel*. Vor der Unterzeichnung von Sichtwechseln ist zu warnen.

Hinsichtlich der *Zahlung des Wechsels* ist zu bemerken, daß die *Wechselschuld eine Holschuld* ist. Der Wechsel muß deshalb am Verfalltag oder spätestens am 2. Werktag darauf beim Bezogenen von dem, der den Wechsel gerade in Besitz hat, zur Zahlung vorgelegt werden.

Die Zahlung selbst erfolgt nach Prüfung gegen Quittung auf der Rückseite des Wechsels. Mit der Vorzeigung eines Wechsels kann man eine Bank oder auch bei Wechseln bis DM 1000,— die Post (Postauftrag) beauftragen.

Wird der Wechsel bei Vorzeigung nicht eingelöst, dann wird zum Beweis dafür, daß der Wechsel pünktlich vorgelegt wurde, eine Urkunde, die *Protesturkunde*, ausgefertigt. Die Aufnahme der Protesturkunde kann durch einen Notar, durch einen Gerichtsbeamten oder durch die Post erfolgen.

Jeder, der eine Unterschrift auf dem Wechsel geleistet hat, haftet für die Wechselsumme. Bei Nichteinlösung kann sich der jeweilige Inhaber des Wechsels an seinen Vordermännern einschließlich Aussteller schadlos halten. Er kann, ohne an die Reihenfolge der Unterschriften gebunden zu sein, beliebig bei einem der Unterzeichner den Rückgriff oder Regreß geltend machen.

Der Wechsel ist, um Wechselrecht zu genießen, in gesetzlich vorgeschriebener Form abzufassen. Gesetzliche Inhaltsteile: siehe Zusammenfassung.

Ist trotz Rückgriff der Wechselbetrag nicht zu erlangen, dann kann der Wechselinhaber gegen jeden, dessen Namen auf dem Wechsel steht, Wechselklage einreichen.

Der Wechselprozeß

Dieser wird durch die in der Wechselordnung vorgesehene Wechselstrenge schnell durchgeführt. Die sonst üblichen Einreden, daß z. B. die Rechtmäßigkeit der Forderung bestritten wird oder daß Gegenrechnung besteht usw., sind ausgeschlossen. Das Verfahren ist damit weitgehend vereinfacht und führt schnell zu einem vollstreckbaren Urteil.

Und nun noch einige Einzelheiten beim Wechsel:

1. Das Domizil

Viele Bezogene wünschen nicht, daß bei ihnen der Wechsel am Verfalltag vorgezeigt wird. Sie bestimmen dann meist ihre Bank als die Stelle, wo der Wechsel vorgezeigt, präsentiert, werden soll. Sie stellen dann den Wechsel bei ihrer Bank zahlbar. Das geschieht, indem sie unter ihre Anschrift auf dem Wechsel den Vermerk anbringen: Zahlbar in ...... bei .... Solche Wechsel sind dann domizilierte Wechsel.

2. Die Notadresse

Wenn der Aussteller oder ein Indossant nicht sicher sind, daß der Bezogene den Wechsel einlöst, und wenn vermieden werden soll, daß durch den Rückgriff unnötige Spesen entstehen, dann kann unter der Anschrift des Bezogenen der Vermerk angebracht werden: falls: bei ...... Der Vermerk muß die Unterschrift des Ausstellers oder des betreffenden Indossanten tragen und heißt Notadresse. Ist ein solcher Vermerk angebracht, dann wird der Wechsel bei Nichteinlösung der Notadresse zur Zahlung vorgelegt.

3. Die Prolongation

Wird der Wechselverfalltag mit Genehmigung des Wechselinhabers und der am Wechsel Beteiligten hinausgeschoben, dann ist dies eine Verlängerung des Wechsels, eine Prolongation (prolonger = zeitlich verlängern).

4. Die Allonge

Reicht die Rückseite des Wechsels für die Zahl der Begebungsvermerke (Indossamente) nicht aus, so wird an den Wechsel ein Beiblatt angesetzt. Man nennt dieses Beiblatt Allonge.

Der unlautere Wechselverkehr:

a) Der Gefälligkeitswechsel

Der Bezogene leistet die Unterschrift aus Gefälligkeit. Eine Forderung an ihn liegt nicht vor.

b) Der Kellerwechsel

Der Bezogene ist mittellos oder überhaupt nicht vorhanden.

c) Der Reitwechsel

Personen schreiben aufeinander Wechsel aus und nehmen sie durch Querschrift an, ohne daß ein Schuldverhältnis zwischen ihnen besteht.

Zusammenfassung:

Der Wechsel

Der Wechsel ist eine übertragbare Schuldurkunde in gesetzlich vorgeschriebener Form mit Verpflichtung des Ausstellers oder einer dritten Person, an einem bestimmten Tage eine bestimmte Summe zu zahlen.

Wir unterscheiden:

1. eigene Wechsel oder Sola-Wechsel,
   sie enthalten Zahlungsversprechen (zahle ich);
2. gezogene Wechsel,
   sie enthalten Zahlungsanweisung (zahlen Sie).

Der gezogene Wechsel

Personen:

Aussteller,
Bezogener (Wechselschuldner),
Wechselnehmer.

Gesetzliche Inhaltsteile:

für die Person:

1. Unterschrift des Ausstellers,
2. Name des Bezogenen,
3. Name des Wechselnehmers oder die Bezeichnung „eigene Order“,

für Ort und Zeit:

4. Ort, Tag und Jahr der Ausstellung,
5. Zeit der Zahlung (Verfalltag),
6. Zahlungsort,

für besondere Angaben:

7. das Wort „Wechsel“ im Text,
8. die Wechselsumme in Buchstaben,
9. Zahlungsanweisung.

Aufgaben des Wechsels

1. Kreditmittel,
2. Zahlungsmittel.

Arten des Wechsels nach Angabe der Zahlungszeit

1. Tagwechsel (am 15. Oktober 19 ..... zahlen Sie),
2. Sichtwechsel (bei Sicht zahlen Sie).

Annahme der Zahlungsverpflichtung oder Akzeptation geschieht dadurch, daß der Wechsel dem Bezogenen vorgelegt wird mit dem Ersuchen, durch eine Annahmeerklärung sich zur Zahlung zu verpflichten. Dies geschieht durch Querschrift des Namens mit dem Vermerk „angenommen" am Kopf der Vorderseite des Wechsels.

Begebungsvermerk oder Indossament

Bei Übertragung des Wechsels von einem Inhaber auf den anderen muß auf die Rückseite einfach die Unterschrift des Inhabers gesetzt werden oder die Bezeichnung: Für mich an die Order des Herrn NN und die Unterschrift. Diese Übertragung macht den Wechsel zum Zahlungsmittel.

Die Zahlung

Wechselschuld ist Holschuld. Der Wechsel muß deshalb am Verfalltag oder spätestens am 2. Werktag darauf beim Bezogenen zur Zahlung vorgelegt werden. Quittung auf Rückseite.

Der Wechselprotest

Bei Nichteinlösung des Wechsels muß Ausstellung einer Protesturkunde die pünktliche Vorzeigung des Wechsels beweisen. Sie dient als Grundlage für den Rückgriff und Beweismittel im Wechselprozeß.
Die Aufnahme der Urkunde erfolgt durch Notar, Gerichtsbeamten oder Post

Der Rückgriff (Regreß)

Der Rückgriff erfolgt bei Nichteinlösung des Wechsels durch Schadloshaltung bei den Vordermännern bis zum Aussteller.

Der Wechselprozeß

Er ist ein Urkundenprozeß und bietet folgende Vorteile:

1. Vereinfachtes Verfahren, keine üblichen Einreden,
2. schnelle Vollstreckbarkeit des Urteils.

Die Wechselsteuer

beträgt 10 Pfennige für je 100 DM, ist durch Stempelmarken zu entrichten.

Der unlautere Wechselverkehr

1. Gefälligkeitswechsel,
2. Kellerwechsel,
3. Reitwechsel.

Der Zahlungsverkehr

Viele Milliarden von Mark werden jährlich im Wirtschaftsleben bewegt. Der Bargeldverkehr wäre niemals in der Lage, diese Aufgabe zu bewältigen. Deshalb kommt dem bargeldlosen Zahlungsverkehr höchste volkswirtschaftliche Bedeutung zu.

A. Der Barverkehr

Beim Barverkehr bedient man sich der Münzen und der Banknoten. Sie sind als gesetzliche Zahlungsmittel anzusehen, und es besteht für sie Annahmezwang. Allerdings ist niemand gezwungen, im Privatverkehr mehr als DM 20,— in Münzen und mehr als DM 5,— in Pfennigen anzunehmen.

B. Der bargeldlose Zahlungsverkehr

Im bargeldlosen Zahlungsverkehr gibt es

1. den Scheck,
2. die bankmäßige Überweisung (Giro),
3. den Postscheck,
4. den Reisescheck.

1. Der Scheck

Der Scheck ist eine Zahlungsanweisung an eine Bank, an eine dritte Person eine bestimmte Summe zu zahlen.

Die gesetzliche Grundlage für den Scheckverkehr ist das Scheckgesetz vom 14. 8. 33.

Es bestimmt, daß auf Schecks nur Banken oder bankähnliche Institute als Zahlungsverpflichtete angegeben werden dürfen. Der Scheck muß also immer auf eine Bank oder ein bankähnliches Institut (Sparkasse, Girokasse) lauten. Wie der Wechsel, so hat auch der Scheck gesetzliche Bestandteile und zwar:

1. Bezeichnung der bezogenen Bank oder Sparkasse,
2. Zahlungsanweisung auf eine Geldsumme,
3. das Wort „Scheck",
4. Ort und Datum der Ausstellung,
5. Unterschrift des Ausstellers.

Die gebräuchlichste Art des Schecks ist der Überbringerscheck. Jeder, der ihn vorlegt, hat Anspruch auf Auszahlung der Geldsumme.

Soll vermieden werden, daß eine Barauszahlung erfolgt, und wird nur die Gutschrift auf Konto gewünscht, dann muß der Scheck den Vermerk „Nur zur Verrechnung" tragen. Man nennt diese Schecks Verrechnungsschecks.

Der Scheck ist innerhalb 8 Tagen nach Ausstellung zur Zahlung vorzulegen. Nach Fristablauf ist die Bank nicht mehr zur Einlösung verpflichtet.

Wie der Wechsel ist auch der Scheck von einem Inhaber auf den anderen übertragbar. Auch hier muß derjenige, der den Scheck weitergibt, seine Unterschrift auf der Rückseite des Schecks anbringen.

Wird der Scheck nicht eingelöst, dann gilt wie beim Wechsel das Rückgriffsrecht. Und doch besteht ein grundsätzlicher Unterschied zum Wechsel. Der Scheck hat nicht den Vorteil dessen, was man beim Wechsel Wechselstrenge nennt. Er hat keine besondere Bevorzugung im Prozeßverfahren.

2. Der bankmäßige Überweisungsverkehr (Giroverkehr)

Wer ein Konto bei einer Bank oder bei der Giroabteilung einer Sparkasse hat, kann kostenlos und schnell Überweisungen von seinem Konto auf das Konto eines anderen vornehmen lassen.

3. Der Postscheck

Eine sehr beliebte und empfehlenswerte Einrichtung ist auch das Postscheck-Konto. Es wird beim Postscheckamt geführt. Die Stammeinlage beträgt DM 5,—. Mittels grauer Scheckformulare können Barauszahlungen, mit roten Formularen Überweisungen veranlaßt und durchgeführt werden.

4. Der Reisescheck

a) Der Kreditbrief. Er wird von der Bank ausgestellt und von allen Banken, die mit ihr in Geschäftsverbindung stehen, ausgezahlt.

b) Das Akkreditiv. Es wird zu Gunsten einer Person von der Bank bei einer anderen Bank bestellt, so daß bei dieser über den entsprechenden Geldbetrag verfügt werden kann.

C. Bank- und Kreditwesen

Die Förderung des bargeldlosen Zahlungsverkehrs ist nicht der einzige Grund für die Errichtung eines Bank- oder Girokontos. Geldmittel, die nicht unmittelbar gebraucht werden, gehören auf die Bank, um so den Zahlungsmittelumlauf in seinen Grenzen zu halten, um neue Möglichkeiten zu schaffen, die Volkswirtschaft weiter zu fördern. Außerdem bringen die auf Bankkonto liegenden Gelder Zinsen.

Eine besondere Bedeutung kommt aber der Verbindung des Wirtschaftsunternehmers mit der Bank zu, wenn es sich für ihn darum handelt, Kredit in Anspruch zu nehmen. Ehe der Handwerker einen Kredit bei der Bank aufnimmt, muß er sich darüber klar sein, daß er ihn verzinsen und auch auf pünktliche Zurückzahlung bedacht sein muß.

Für die Festsetzung des Zinssatzes ist der Diskontsatz oder der Lombardsatz maßgebend.

Unter Diskont versteht man die Zinsvergütung beim Verkauf eines Wechsels vor dem Verfalltag zu einem festgesetzten Zinsfuß. Dieser Zinsfuß ist der Diskontsatz.

Unter Lombard versteht man Bevorschussung oder Darlehen auf Wertpapiere, Waren, Schmuck, Lagerscheine usw. gegen Verzinsung. Der Zinsfuß, zu welchem das Darlehen gegeben wird, heißt Lombardsatz.

Für die Gewährung eines Kredits ist es nötig, daß die Bank eine stete geschäftliche Fühlung mit ihren Kreditnehmern hat. Deshalb ist die Errichtung eines Bankkontos unerläßlich.

Wir unterscheiden:

1. langfristige Kredite: Sie werden meist nur gegen Hypotheken oder andere dingliche Sicherheiten gegeben.

2. kurzfristige Kredite: Als Sicherheit werden die Abtretung von Außenständen und Forderungen angesehen. Auch Wechsel werden oft als Sicherheiten mit angenommen. Konteninhaber, die das besondere Vertrauen der Bank genießen, können gegebenenfalls auch einen

Personalkredit erhalten. In diesem Falle wird bei Erteilung des Kredits auf Stellung von Sicherheiten verzichtet.

Für die Gewährung eines Kredites haben die Banken ihre Richtlinien. Darnach dürfen Kredite nur zur Finanzierung von Aufträgen gegeben werden, wenn Aussicht besteht, daß das Kreditgeschäft bald abgewickelt werden kann.

Zusammenfassung:

Der Zahlungsverkehr

A. Barverkehr:
   Münzen und Banknoten mit Annahmezwang, bis DM 20,— in Münzen, bis DM 5,— in Pfennigen.

B. Bargeldloser Zahlungsverkehr:
   1. Scheck = Zahlungsanweisung an Bank oder bankähnliche Institute.
      a) Überbringer-Scheck,
      b) Verrechnungs-Scheck.
   2. Überweisungsverkehr
      a) durch Banken,
      b) durch Girokassen der Sparkassen in den Gemeinden.
   3. Postscheck
      a) grauer Scheck = Barscheck,
      b) roter Scheck = Überweisungsscheck.
   4. Reisescheck
      a) Kreditbrief,
      b) Akkreditiv.

C. Bank- und Kreditwesen:
   a) langfristige Kredite
      gegen Hypotheken und dingliche Sicherheiten,
   b) kurzfristige Kredite
      gegen Abtretung von Forderungen, Warenverpfändung,

c) Personalkredite
ohne Sicherheitsleistung, Vertrauenssache.

Kreditgewährung vornehmlich nur zur Finanzierung produktiver, kurzfristiger Geschäfte.

Buchführung

Die Buchführung ist ein Mittel der Erfolgsrechnung. Der Handwerksmeister kann an Hand seiner ordnungsgemäß eingerichteten und sorgfältig geführten Bücher feststellen, ob es in seinem Geschäft vorwärts geht oder nicht, wie hoch sein Betriebsvermögen zu Buche steht, welche Unkosten er bei seiner Kalkulation berücksichtigen muß und welche Beträge er in seine Steuererklärungen einzusetzen hat. Damit sind auch gleich die Aufgaben der Buchführung festgelegt.

Aufgaben der Buchführung

1. Ermittlung der ständigen Veränderungen des Betriebsvermögens,
2. Ermittlung des Reingewinns,
3. Bereitstellung der Unterlagen für die Kalkulation,
4. Beschaffung von Unterlagen für die Steuererklärungen.

Die Buchführungspraxis

Sie besteht darin, diejenigen Geschäftsvorfälle, die das Betriebsvermögen in irgend einer Form verändern, nach einem bestimmten System aufzuzeichnen. Dies kann in der Weise geschehen, daß man die Geschäftsvorfälle in einfacher Form nach einem festgelegten Schema aufzeichnet. Man hat es dann mit der sogenannten einfachen Buchführung zu tun. In größeren Betrieben ist es dagegen üblich, die Buchungen in doppelter Form vorzunehmen. Damit kontrollieren sich die Buchungen selbst, etwaige Fehler stellen sich schnell heraus und können leicht gefunden und berichtigt werden. Außerdem ermittelt man den Gewinn in doppelter Form. Bei dieser Art der Verbuchung der Geschäftsvorfälle hat man es mit der doppelten Buchführung zu tun.

A. Die einfache Buchführung für Handwerksmeister

Drei Fragen stehen hier im Vordergrund:

1. Wie ermittle ich meinen Reingewinn?
2. Welche Bücher brauche ich?
3. Wie buche ich?

1. Die Ermittlung des steuerpflichtigen Reingewinns

Die Grundlage für die Ermittlung des Reingewinns bildet der § 4 des Einkommensteuergesetzes. Dort ist wörtlich gesagt:

„Gewinn ist der Unterschiedsbetrag zwischen dem Betriebsvermögen am Schluß des Wirtschaftsjahres und dem Betriebsvermögen am Schluß des vorangegangenen Wirtschaftsjahres, vermehrt um den Wert der Entnahmen und vermindert um den Wert der Einlagen."

Dieser etwas schwierige Satz wird sofort verständlich, wenn man ihn in sein praktisches Schema bringt:

z. B.	Reinvermögen am 31. 12. 1949	DM 10000,–
—	Reinvermögen am 31. 12. 1948	„ 9000,–
=	Unterschiedsbetrag (Geschäftserfolg)	DM 1000,–
+	Privatentnahmen im Jahr 1949	„ 4800,–
=		DM 5800,–
—	langfristiges Darlehn	„ 1500,–
=	Steuerpflichtiger Gewinn	DM 4300,–

Betrachten wir zwecks Ermittlung des Gewinns dieses Schema etwas genauer, dann finden wir folgendes:

1. Das Reinvermögen (im Gesetz wird es als Betriebsvermögen bezeichnet) vom 31. 12. 1948 ist uns aus der Eröffnungsinventur bekannt, wenn es sich um eine Unternehmung handelt, die neu gegründet ist. Handelt es sich um ein Geschäft, das schon länger besteht, dann ist das Reinvermögen vom 31. 12. 1948 aus der Schlußinventur des Jahres 1948 ersichtlich.
2. Die Privatentnahmen während des Jahres 1949 und das langfristige Darlehn sind aus den geführten Büchern (Privatkonto, Darlehnskonto) zu ersehen.
3. Somit geht es in der Praxis also nur noch darum, den Betrag für das Reinvermögen am 31. 12. 1949, also am Schlusse des Wirtschaftsjahres, zu ermitteln.

Dies geschieht durch Aufstellung einer Inventur, und wenn es für nötig gehalten wird, einer Bilanz.

Die Inventur

Die Inventur ist eine Aufstellung aller Besitz- und Schuldenteile. Zieht man von der Summe der Besitzteile die Summe der Schuldenteile ab, so erhält man das Reinvermögen.

	Inventur
	Vermögensteile
—	Schuldenteile
=	Reinvermögen

Bei der praktischen Durchführung der Inventur stößt man auf zwei Arbeitsgänge.

1. Die Erfassung der Besitz- und Schuldenteile: Man schreibt alles, was da ist, auf, auch die Schulden.
2. Die Bewertung der erfaßten Besitz- und Schuldenteile: Man hält sich dabei an bestimmte Richtlinien, die von den Steuerbehörden anerkannt werden.

Bewertungsrichtlinien:

1. Bares Geld, Wechsel, Schecks usw. werden zu dem Betrag in die Inventur eingesetzt, mit dem sie in den Büchern stehen.
2. Außenstehende Forderungen werden ebenfalls zu ihrem Buchwert eingesetzt. Sind Forderungen vorhanden, deren Eingang zweifelhaft ist, dann wird

nur der voraussichtlich noch zu erlangende Betrag in die Inventur eingetragen. Uneinbringliche Forderungen werden weggelassen.

3. Material und Rohstoffe werden zum Anschaffungspreis eingesetzt. Ist der Tagespreis niedriger, so ist es auch zulässig, diesen zugrunde zu legen.

4. Fertigfabrikate und Halbfabrikate werden zum Selbstkostenpreis eingesetzt.

5. Bei Bewertung des sogenannten Anlagevermögens, das die gesamte Betriebseinrichtung umfaßt, muß die durch Veraltern oder Abnützung eingetretene Wertminderung berücksichtigt werden. Man schätzt hierbei die Lebensdauer der zu bewertenden Gegenstände und setzt für diese einen Abschreibungsprozentsatz fest. Geht man davon aus, daß in der geschätzten Zeit der Gesamtbetrag, also 100% des Anschaffungswertes, abgeschrieben werden soll, dann findet man den Abschreibungsprozentsatz durch die Formel

$$\frac{100\%}{\text{Lebensdauer (Jahre)}} = \text{Abschreibungsprozentsatz.}$$

Somit wäre bei einer geschätzten Lebensdauer von 10 Jahren der Abschreibungsprozentsatz $\frac{100\%}{10} = 10\%$, bei einer Lebensdauer von 20 Jahren $\frac{100\%}{20} = 5\%$ usw.

Will man den Abschreibungsbetrag berechnen, dann muß man vom Anschaffungswert ausgehen und diesen durch die Lebensdauer in Jahren teilen.

$$\frac{\text{Anschaffungswert}}{\text{Lebensdauer (Jahre)}} = \text{Abschreibungsbetrag.}$$

Wäre demnach eine Maschine mit DM 5000,— angeschafft und ihre Lebensdauer auf 10 Jahre geschätzt worden, dann wäre der Abschreibungsbetrag mit

$$\frac{5000 \text{ DM}}{10} = 500 \text{ DM}$$

anzusetzen.

Der Abschreibungsbetrag wird immer vom Anschaffungswert berechnet. Nach dem ersten Jahre wird er vom Anschaffungswert, nach weiteren Jahren vom jeweiligen Buchwert abgezogen.

Beispiel:

Maschine, Anschaffungswert	DM 5000,—
Lebensdauer 10 Jahre	
Demnach nach dem ersten Jahre	
— 10% Abschreibung von DM 5000,—	,, 500,—
	DM 4500,—
nach dem 2. Jahre	
— 10% Abschreibung von DM 5000,—	,, 500,—
	DM 4000,—
nach dem 3. Jahre	
— 10% Abschreibung von DM 5000,—	,, 500,—
	DM 3500,— usw.

Also Abschreibungsbetrag immer vom Anschaffungswert berechnen und nach dem 2. Jahre vom jeweiligen Buchwert abziehen!

Merksatz über Bewertung im allgemeinen: Bei nachfolgenden Inventuren stets mit den gleichen Maßstäben messen!

Die Bilanz

Die Bilanz ist eine Gegenüberstellung von Vermögen und Schulden.

Aktiva	Bilanz	Passiva
Vermögen		Schulden

Dabei ist zu beachten: In der Bilanz stehen die Vermögensteile, Aktiva genannt, auf der linken Seite. Die Schuldenteile, Passiva genannt, stehen auf der rechten Seite.

Grundsatz: Jede Bilanz muß sich ausgleichen.

Es kommt äußerst selten vor, daß Vermögensteile und Schuldenteile sich gegenseitig aufheben. Deshalb muß zum Ausgleich der Unterschiedsbetrag beider Seiten auf die jeweils kleinere Seite eingesetzt werden.

Steht der Unterschiedsbetrag auf der Schuldenseite, dann ist die Vermögensseite größer gewesen, der Unterschiedsbetrag stellt das Reinvermögen dar.

Steht der Unterschiedsbetrag dagegen auf der Vermögensseite, dann ist die Schuldenseite größer gewesen, der Unterschiedsbetrag stellt die echten Geschäftsschulden dar. Man spricht von einer Unterbilanz.

Beispiel für die Ermittlung des steuerpflichtigen Reingewinns

Eröffnungsinventur

A. Vermögen (Aktiva)		
Kasse	DM 200,—	
Bank	DM 300,—	
Postscheck	DM 100,—	
Betriebseinrichtung	DM 4500,—	DM 5100,—
B. Schulden (Passiva)		
Lieferantenschulden lt. Liste	DM 700,—	DM 700,—
C. Reinvermögen		DM 4400,—

München, den 31. 12. 1948

Unterschrift

Aktiva		Eröffnungsbilanz	Passiva
Kasse	DM 200,—	Lieferantenschulden	DM 700,—
Bank	DM 300,—	Reinvermögen	DM 4400,—
Postscheck	DM 100,—		
Betriebseinrichtung . . .	DM 4500,—		
	DM 5100,—		DM 5100,—

München, den 31. 12. 1948

Unterschrift

Schlußinventur

A. Vermögen (Aktiva)

Kasse	DM 215,—	
Bank	DM 150,—	
Postscheck	DM 50,—	
Ausstehende Forderungen	DM 380,—	
Material und Rohstoffe	DM 160,—	
Betriebseinrichtung lt. Liste abz. Abschreibungen	DM 4000,—	DM 4955,—

B. Schulden (Passiva)

Lieferantenschulden	DM 190,—	DM 190,—

C. Reinvermögen DM 4765,—

München, den 31. 12. 1949

Unterschrift

Aktiva		Schlußbilanz	Passiva
Kasse	DM 215,—	Lieferantenschulden	DM 190,—
Bank	DM 150,—	Reinvermögen	DM 4765,—
Postscheck	DM 50,—		
Forderungen	DM 380,—		
Material und Rohstoffe .	DM 160,—		
Betriebseinrichtung . . .	DM 4000,—		
	DM 4955,—		DM 4955,—

München, den 31. 12. 1949

Unterschrift

Nimmt man nun an, daß im Jahre 1949 insgesamt DM 3600,— Privatentnahmen lt. Privatkonto gemacht wurden, so ergibt sich auf Grund des behandelten Schemas folgendes Bild:

	Reinvermögen am 31. 12. 1949	DM 4765,—
—	Reinvermögen am 31. 12. 1948	„ 4400,—
=	Geschäftserfolg	DM 365,—
+	Privatentnahmen 1949	„ 3600,—
=	Steuerpflichtiger Reingewinn	DM 3965,—

2. Die Bücher

Bei Einrichtung einer Buchführung muß man entscheiden, welches Buchführungssystem man einführen will. Wir haben es bei unseren Betrachtungen zunächst mit der einfachen Buchführung zu tun. Diese beruht auf dem Grundsatz der fortlaufenden einfachen Aufzeichnung des Geschäftsvorfalls. In der Einrichtung der Bücher und Durchführung der einzelnen Buchungen hat jeder freie Hand. Er kann und soll sich dabei der Eigenart seines Betriebes anpassen. Ein Mechanikermeister und ein Gemüsehändler können beide die einfache Buchführung für ihren Betrieb einführen. Es leuchtet aber wohl jedem ein, daß in den Einzelheiten diese beiden Buchführungen stark voneinander abweichen, im Grundsätzlichen sind sie sich aber gleich. Ähnliches gilt für die einzelnen Handwerkszweige selbst. Wenn wir deshalb jetzt die einfache Buchführung darstellen, so geschieht dies durch ein Beispiel, das die Grundsätze der einfachen Buchführung im allgemeinen deutlich macht, aber auch alle Schwächen der einfachen Buchführung in sich hat. Das Beispiel entspricht den Anregungen, die vor Jahren vom Deutschen Handwerksinstitut an das Handwerk gegeben worden sind. Es wird von uns dargeboten, weil in den Meisterprüfungen vielfach diese Art der einfachen Buchführung geprüft wird.

Sachlich und fachlich wird jetzt jedoch auch für den Handwerksmeister die doppelte Buchführung für besser gehalten. Es wird deshalb in einem weiteren Beispiel das gleiche Zahlenmaterial in Form der doppelten Buchführung gezeigt. Bleiben wir aber zunächst bei der einfachen Buchführung und den Büchern, die für sie unbedingt benötigt werden. Es sind dies:

1. das Tagebuch,
2. das Kassenbuch,
3. das Kunden- und Lieferantenbuch,
   oft auch Hauptbuch genannt,
4. das Wareneingangsbuch.

Außerdem müssen Betriebe, die an andere gewerbliche Unternehmer Waren zu gewerblicher Weiterveräußerung liefern (Großhandel), ein Warenausgangsbuch führen. Beliebig kann der Unternehmer noch so viel Bücher einführen wie er will. Wir empfehlen noch die Führung eines Inventuren und Bilanzenbuches und eines Lohnbuches. Letzteres ist besonders aus steuerlichen Gründen notwendig.

1. **Das Tagebuch** ist das **Grundbuch für alle Geschäftsvorfälle**. Die lückenlose und sorgfältige Führung des Buches ist Voraussetzung für eine brauchbare Buchführung.

Der Handwerksmeister hat jeden Geschäftsvorfall in diesem Tagebuch zu vermerken. Dies muß schnell und jederzeit möglich sein. Das Tagebuch muß deshalb auch ein handliches Format haben.

Tagebuch

Tag	Beleg-nummer	Text	Betrag DM	₰	Buchungs-vermerk

Aus dem Tagebuch überträgt der Handwerker alle Geschäftsvorfälle, die sich auf Kasse, Bank und Postscheck beziehen, in das Kassenbuch und alle Geschäftsvorfälle, die sich auf Kunden, Lieferanten und den Wechselverkehr beziehen, in das Kunden- und Lieferantenbuch (Hauptbuch).

2. Das Kassenbuch hat wie jedes Kassenbuch eine Einnahmenseite (links) und eine Ausgabenseite (rechts). Da nicht nur bares Geld, sondern auch der Bank- und Postscheckverkehr durch das Kassenbuch mit laufen sollen, weist sowohl die Einnahmen- als auch die Ausgabenseite für Kasse, Bank und Postscheck je eine Betragsspalte auf.

Einnahmen — Kassenbuch — Ausgaben

Tag	Beleg Nr.	Text	Kasse	Bank	Post-scheck	Tag	Beleg Nr.	Text	Kasse	Bank	Post-scheck

In der Praxis stellt es sich als notwendig heraus, feststellen zu können, aus welchen Quellen die Einnahmen stammen und wofür die hauptsächlichen Ausgaben gemacht worden sind. Deshalb hat das Kassenbuch nach dem Muster des Handwerksinstituts sowohl auf der Einnahmenseite als auch auf der Ausgabenseite besondere Spalten für statistische Zwecke angefügt. In unserem praktischen Beispiel ist dies berücksichtigt.

3. Das Kunden- und Lieferantenbuch (Hauptbuch). Wie bereits erwähnt, nimmt das Hauptbuch alle Geschäftsvorfälle aus dem Tagebuch auf, die sich auf Kunden, Lieferanten und den Wechselverkehr beziehen. Zum Verständnis des Hauptbuchs sei zunächst bemerkt, daß in der Buchführung die Geschäftsvorfälle einander gegenübergestellt werden, und zwar im Konto im Rahmen des Kontenkreuzes.

R. Müller

empfängt	gibt

oder

R. Müller

	empfängt	gibt

Alle Beträge, die das Konto empfängt, werden dabei auf die linke Seite gebucht, alle Beträge, die es gibt, kommen auf die rechte Seite.

4. Das Wareneingangsbuch muß über jeden Wareneingang folgende Angaben enthalten:

1. Fortlaufende Nummer,
2. Ankunftstag der Ware,
3. Name und Anschrift des Lieferers,
4. Art des Warenpostens,
5. Reiner Einkaufspreis,
6. Nebenspesen,
7. Belegangaben.

Alle Waren oder Rohstoffe, die unverändert oder nach Be- oder Verarbeitung gewerblich weiterveräußert werden, sind eintragungspflichtig. Außerdem müssen die Waren oder Rohstoffe vom Unternehmer erworben worden sein.

Wenn z. B. ein Schneidermeister von einem Kunden Stoff zur Anfertigung eines Anzugs erhält, so ist der Stoff nicht einzutragen, da er ja vom Handwerksmeister nicht erworben worden ist.

Das Warenausgangsbuch kommt hauptsächlich für den Großhandel in Betracht. Es muß enthalten:

1. Laufende Nummer,
2. Belegnummer,
3. Tag des Warenausgangs,
4. Name und Anschrift des Erwerbers,
5. Warenart,
6. Mengeneinheit,
7. Preis je Einheit,
8. Betrag.

Das Lohnbuch. Es empfiehlt sich, im Lohnbuch für jedes Belegschaftsmitglied ein Konto einzurichten, aus dem die Lohnabzüge deutlich hervorgehen, z. B.

Name	Wohnort	Geburtstag, Geburtsort	Familienstand	Eintritt	Austritt

Steuerkarten-Nr. Abzüge

Datum	Std.-zahl	Std.-lohn	Überstd.	Bruttolohn	Steuern	Soz.-vers.	Vorschuß	Gesamt Abz.	Nettolohn

3. Die Buchungspraxis

a) Alle Geschäftsvorfälle kommen in das Tagebuch.

b) Alle Geschäftsvorfälle aus dem Tagebuch, die sich auf Kasse, Bank und Postscheck beziehen, werden in das Kassenbuch übertragen.

Hierbei muß stets die Frage beantwortet werden:

Betrifft der Geschäftsvorfall die Kasse oder die Bank oder das Postscheckkonto? Wird dies bejaht, dann gehört er in das Kassenbuch.

Sodann taucht die zweite Frage auf:

Ist der Geschäftsvorfall eine Einnahme oder Ausgabe? Je nachdem, wie die Antwort ausfällt, muß auf die entsprechende Seite in die in Betracht kommende Spalte gebucht werden,

z. B. Von der Bank 200,— DM geholt.

Dieser Geschäftsvorfall betrifft die Bank **und** die Kasse. Er ist eine Ausgabe für die Bank und eine Einnahme für die Kasse. Der Geschäftsvorfall muß also im Kassenbuch zweimal verbucht werden. Einmal kommt er als Einnahme auf die linke Seite in die Kassenspalte, zum anderen als Ausgabe auf die rechte Seite in die Bankspalte.

Ein anderes Beispiel:

Löhne gezahlt 120,— DM.

Der Geschäftsvorfall betrifft die Kasse und stellt für diese eine Ausgabe dar. Er ist deshalb auf der rechten Seite in der Kassenspalte zu verbuchen.

Wie bereits erwähnt, enthält das Kassenbuch auch noch Spalten, die der besseren Übersicht und Statistik dienen sollen. Sie befinden sich hinter den Spalten für Kasse, Bank und Postscheck. Auch die Lohnspalte ist eine solche. Der Lohnbetrag käme demnach auf der Ausgabenseite in die Kassenspalte und auf der gleichen Seite in die Lohnspalte. Das im Anschluß gegebene Beispiel wird dies noch klarer machen.

c) Alle Geschäftsvorfälle, die sich auf Kunden, Lieferanten und Wechsel beziehen, kommen in das Kunden- und Lieferantenbuch (Hauptbuch). Es enthält für jeden Kunden und Lieferanten ein Konto, ebenso für die Besitz- und Schuldwechsel. Die Übertragung aus dem Tagebuch erfolgt in der bereits angegebenen Weise:

Konto empfängt, dann Eintragung links
Konto gibt, dann Eintragung rechts.

Z. B. Kunde Müller erhält Ware 400,— DM.

R. Müller

empfängt	gibt
400,—	

oder

R. Müller

	empf.	gibt
	400,—	

Kunde Schulze bezahlt bar 200,— DM.
Doppelvorgang: Kasse empfängt, und Schulze gibt.
Deshalb im Kassenbuch: linke Seite, Kassenspalte und Fertigwarenspalte und Umsatzsteuerspalte,
im Hauptbuch: Konto Schulze rechte Seite.

Schulze

empfängt	gibt
	200,—

oder

Schulze

	empf.	gibt
		200,—

Praktisches Buchungsbeispiel

Gegeben sind: Kassenbestand DM 350,—; Bankguthaben DM 2500,—; Postscheckguthaben DM 100,—; ausstehende Forderungen: Erich Glöckner, hier, DM 250,—; Rudolf Schneider, hier, DM 180,—; Ernst Knabe, hier, DM 390,—; Rohstoffe und Material lt. Liste DM 2450,—; Fertigwaren lt. Liste DM 1610,—; Betriebseinrichtung: Maschinen und Werkzeuge lt. Liste DM 6500,—; Werkstattgeräte lt. Liste DM 1850,—; Büroeinrichtung lt. Liste DM 400,—; Lieferantenschulden: Fritz Krauß & Co., hier, DM 1750,—; Einkaufsgenossenschaft, hier, DM 2450,—.

A. Vorarbeiten:

Über die Aufstellung der Eröffnungsinventur und Eröffnungsbilanz ist bei der Besprechung der Gewinnermittlung bereits das Nötige gesagt. Wir können deshalb in der Erläuterung des praktischen Beispiels gleich in die Tagespraxis gehen.

Eröffnungsinventur am 1. Januar 1949

			BV	DM	DM
A.	Vermögen (Aktiva)				
	1. Kassenbestand		K 1	350,—	
	2. Bankguthaben		K 1	2500,—	
	3. Postscheckguthaben.		K 1	100,—	
	4. Ausstehende Forderungen				
	Erich Glöckner, hier,	DM 250,—	H 1		
	Rudolf Schneider, hier,	DM 180,—	H 2		
	Ernst Knabe, hier,	DM 390,—	H 3	820,—	
	5. Rohstoffe und Material lt. Liste . . .			2450,—	
	6. Fertigwaren lt. Liste			1610,—	
	7. Einrichtung des Betriebes				
	Maschinen u. Werkzeuge				
	lt. Liste	DM 6500,—			
	Werkstattgeräte lt. Liste	DM 1850,—			
	Büroeinrichtung	DM 400,—		8750,—	16580,—
B.	Schulden (Passiva)				
	1. Lieferantenschulden				
	Fritz Krauß & Co., hier,	DM 1750,—	H 6		
	Einkaufsgenossenschaft,				
	hier	DM 2450,—	H 7	4200,—	4200,—
C.	Reinvermögen				12380,—

München, den 1. Januar 1949 Karl Mai

Eröffnungsbilanz am 1. Januar 1949

	Aktiva DM	Passiva DM
Kasse	350,—	
Bank	2500,—	
Postscheck	100,—	
Ausstehende Forderungen	820,—	
Rohstoffe und Material	2450,—	
Fertigwaren.	1610,—	
Betriebseinrichtung	8750,—	
Lieferantenschulden		4200,—
Reinvermögen.		12380,—
	16580,—	16580,—

München, den 1. Januar 1949 Karl Mai

Wir ersehen aus der Eröffnungsinventur, daß unser Reinvermögen bei Beginn des Geschäftsmonats DM 12380,— beträgt. Das müssen wir festhalten. Deshalb werden Eröffnungsinventur und Eröffnungsbilanz in das Inventuren- und Bilanzenbuch eingetragen.

Dann richten wir das Kassenbuch ein und tragen die Bestände der Kasse, der Bank und des Postscheckkontos aus der Inventur auf die linke Seite vor.

Nun bringen wir das Kunden- und Lieferantenbuch aufs Laufende, indem wir aus der Inventur die Kundenkonten Glöckner, Schneider und Knabe in das Kunden- und Lieferantenbuch übernehmen und dort bei Glöckner DM 250,—, bei Schneider DM 180,—, bei Knabe DM 390,— auf der linken Seite und in den Lieferantenkonten bei Krauß & Co. DM 1750,— und der Einkaufsgenossenschaft DM 2450,— auf der rechten Seite eintragen.

Die laufenden Geschäftsvorfälle nimmt das Tagebuch auf.

Tagebuch: Januar 1949 — Seite 1

Beleg Nr.	Tag	Geschäftsvorfälle	Betrag DM	Buchungsvermerk
MB 14	2.	Miete bar bezahlt (Geschäft 100,— Wohnung 50,—)	150,—	K 1
		Privatentnahme	150,—	K 1
B 1		Barabholung von Bank	300,—	K 1
1	3.	R. Schneider, hier, erhält Ware	635,—	H 2
2		Fr. Krauß & Co., hier, liefern Material	410,—	H 6
3	4.	Erich Glöckner, hier, zahlt bar abz. 2% Skonto (5,—)	250,—	K1 H1
LoB 10	5.	Nettolöhne	96,—	K 1
	6. 6.	Ernst Knabe, hier, sendet Wechsel per 15. 3. 49	390,—	H 3/8
4	7.	An Max Greubig, hier, Rechnung für geleistete Reparatur-Arbeit gesandt	175,—	H 4
B 2	9.	Banküberweisung an Krauß & Co. abz. 2% Skonto (8,20)	410,—	K 1 H 6
		An Krauß & Co. Wechsel gesandt per 15. 3. 49	1750,—	H 9/6
B 3	10.	Zahlung an Einkaufsgenossenschaft durch Bank	1000,—	K 1 H 7
LoB 11	12.	Nettolöhne	96,—	K 1
B 4	15.	Diskontierung Wechsel Knabe (Spesen 4,—)	390,—	K 1 H 8
	16.	Einkaufsgenossenschaft erhält Wechsel von mir per 15. 2. 49	400,—	H 9/7
5	20.	An Richard Stolle, hier, Rechnung für geleistete Reparatur-Arbeit gesandt	650,—	H 5
6	22.	Sozialversicherungsbeiträge bar bezahlt (Meisteranteil DM 16,50)	39,—	K 1
B 5	25.	Bank überweist Lohnsteuer	38,—	K 1
		Gewerbesteuer	57,—	K 1
		Einkommensteuer	112,—	K 1
7	28.	Warenentnahme für eigenen Bedarf	12,—	K 1
	30.	Kassenfehlbetrag	—,12	K 1

Ist dies geschehen, dann können wir mit der Verbuchung der Geschäftsvorfälle aus dem Tagebuch beginnen.

B. Buchungen auf Grund der angegebenen Geschäftsvorfälle in das Kassenbuch bzw. Kunden- und Lieferantenbuch:

Jan. 2. Miete bezahlt bar DM 150,—
Kassenbuch: DM 150,— Ausgabe für Kasse; DM 100,— Sp. Unkosten; DM 50,— Sp. Privat.
Privatentnahme DM 150,—
Kassenbuch: DM 150,— Ausgabe für Kasse; DM 150,— Sp. Privat.
Barabholung von Bank DM 300,—
Kassenbuch: DM 300,— Ausgabe für Bank; DM 300,— Sp. Verschiedenes; DM 300,— Einnahme für Kasse; DM 300,— Sp. Verschiedenes.

Jan. 3. Rudolf Schneider, hier, erhält Ware DM 635,—
Hauptbuch: Konto Schneider empfängt (linke Seite) DM 635,—.
Fritz Krauß & Co. liefern Material DM 410,—
Hauptbuch: Konto Krauß & Co. gibt (rechte Seite) DM 410,—.

Jan. 4. Erich Glöckner, hier, zahlt bar abz. 2% Skonto DM 250,—
Kassenbuch: Einnahme für Kasse DM 245,—; Sp. Fertigwaren und Umsatzsteuer DM 245,—;
Hauptbuch: Konto Glöckner gibt (rechte Seite) DM 250,—.
Die DM 5,— Differenz für Skonto-Abzug fallen bei der einfachen Buchführung unter den Tisch. Verlust wird durch dieses Weglassen bei der Schlußinventur wirksam.

Jan. 5. Nettolöhne DM 96,—
Kassenbuch: DM 96,— Ausgabe für Kasse; DM 96,— Sp. Löhne.

Jan. 6. E. Knabe sendet Wechsel DM 390,—
Hauptbuch: Konto Knabe gibt Wechsel DM 390,— (rechte Seite); Konto Besitzwechsel empfängt Wechsel DM 390,— (linke Seite).

Jan. 7. An M. Greubig Rechnung für gel. Rep.-Arbeit gesandt DM 175,—
Hauptbuch: Konto Greubig (neu einrichten) empfängt DM 175,— (linke Seite).

Jan. 9. Banküberweisung an Krauß & Co. abz. 2% Skonto DM 410,—
Kassenbuch: Ausgabe für Bank DM 410,— abz. 2% = DM 401,80; Sp. Material und Waren DM 401,80;
Hauptbuch: Konto Krauß & Co. empfängt (linke Seite) einschl. Skonto DM 410,—.
An Krauß & Co. Wechsel gesandt DM 1750,—
Hauptbuch: Konto Schuldwechsel gibt (rechte Seite) Wechsel DM 1750; Konto Krauß & Co. empfängt (linke Seite) Wechsel DM 1750,—.

Jan. 10. Zahlung an Einkaufsgenossenschaft durch Bank DM 1000,—
Kassenbuch: Ausgabe für Bank DM 1000,—; Sp. Material und Waren DM 1000,—;
Hauptbuch: Konto Einkaufsgenossenschaft empfängt DM 1000,— (linke Seite).

Jan. 12. Nettolöhne DM 96,—
Kassenbuch: DM 96,— Ausgabe für Kasse; DM 96,— Sp. Löhne.

Jan. 15. Diskontierung Wechsel Knabe (Spesen DM 4,—) DM 390,—
Kassenbuch: DM 386,— Einnahme für Bank; DM 386,— Sp. Umsatzsteuer; DM 386,— Sp. Fertigwaren;
Hauptbuch: Besitzwechsel-Konto gibt (rechte Seite) DM 390,—. Diskontspesen entfallen wie beim Skonto.

Jan. 16. Einkaufsgenossenschaft erhält Wechsel von mir DM 400,—
Hauptbuch: Schuldwechsel-Konto gibt (rechte Seite) DM 400,—; Konto Einkaufsgenossenschaft empfängt (linke Seite) DM 400,—.

Jan. 20. An R. Stolle Rechnung für geleistete Rep.-Arbeit gesandt DM 650,—
Hauptbuch: Konto Stolle empfängt (linke Seite) DM 650,—.

Jan. 22. Sozialversicherungsbeiträge bar bezahlt DM 39,—
Kassenbuch: Ausgabe für Kasse DM 39,—; Sp. Lohn DM 22,50; Sp. Unkosten DM 16,50.

Jan. 25. Bank überweist Lohnsteuer DM 38,—
Kassenbuch: Ausgabe für Bank DM 38,—; Spalte Lohn DM 38,—.
Bank überweist Gewerbesteuer DM 57,—
Kassenbuch: Ausgabe für Bank DM 57,—; Sp. Unkosten DM 57,—.
Bank überweist Einkommensteuer DM 112,—
Kassenbuch: Ausgabe für Bank DM 112,—; Sp. Privat DM 112,—.

Jan. 28. Warenentnahme für eigenen Bedarf DM 12,—
Waren für eigenen Bedarf sind über Privatkonto zu buchen und sind umsatzsteuerpflichtig.
Kassenbuch: Ausgabe für Kasse DM 12,—; Sp. Privat DM 12,—; Einnahme für Kasse DM 12,—; Sp. Umsatzsteuer DM 12,—; Sp. Fertigwaren DM 12,—.

Jan. 30. Kassenfehlbetrag DM 0,12
Kassenbuch: Ausgabe für Kasse DM —,12; Sp. Unkosten DM —,12. (Wäre der Fehlbetrag beträchtlich, dann müßte er aus steuerlichen Gründen in die Sp. Privat gebucht werden.)

C. Abschlußarbeiten:

1. Kassenbuch aufaddieren.
2. Summen der Ausgabenspalten für Kasse, Bank und Postscheck auf der rechten Seite des Kassenbuchs von den Summen der Einnahmenspalten für

Kasse, Bank und Postscheck auf der linken Seite abziehen. Das Ergebnis sind die Bestände an Kasse, Bank und Postscheck. (Vgl. Anlage I, Kassenbuch.)

3. Hauptbuch (Kunden- und Lieferantenbuch) abschließen.
   a) Jedes Konto zunächst auf einem Zettel auf der linken und rechten Seite aufaddieren,
   b) den Unterschiedsbetrag auf die kleinere Seite als Saldo zum Ausgleich einsetzen,
   c) wieder aufaddieren, beide Seiten müssen gleich sein,
   d) Saldo auf die entgegengesetzte Seite wieder vortragen.

Kunden- und Lieferantenbuch

I. Kunden

Seite 1

Erich Glöckner, hier, Goethestr. 5

Datum	Text	B.-V.	Empfängt DM	Pf	Gibt DM	Pf
1949						
Jan. 1.	Saldovortrag	Inv.	250	—		
4.	zahlt bar abz. 2% Skonto (5,—)	T 1 K 1			250	—
			250	—	250	—

Seite 2

Rudolf Schneider, hier, Schillerstr. 3

Datum	Text	B.-V.	Empfängt DM	Pf	Gibt DM	Pf
1949						
Jan. 1.	Saldovortrag	Inv.	180	—		
3.	erhält Ware.	T 1	635	—		
31.	Saldo zum Ausgleich				815	—
			815	—	815	—
Febr. 1.	Saldovortrag		815	—		

Seite 3

Ernst Knabe, hier, Kantstr. 4

Datum	Text	B.-V.	Empfängt DM	Pf	Gibt DM	Pf
1949						
Jan. 1.	Saldovortrag	Inv.	390	—		
6.	sendet Wechsel per 15. 3. 49 .	T 1 H 8			390	—
			390	—	390	—

Seite 4 — Max Greubig, hier, Leibnizstr. 8

Datum	Text	B.-V.	Empfängt DM	Pf	Gibt DM	Pf
1949						
Jan. 7.	erhält Rechnung für gel. Reparatur-Arbeit	T 1	175	—		
31.	Saldo zum Ausgleich				175	—
			175	—	175	—
Febr. 1.	Saldovortrag		175	—		

Seite 5 — Richard Stolle, hier, Uhlandstr. 12

Datum	Text	B.-V.	Empfängt DM	Pf	Gibt DM	Pf
1949						
Jan. 20.	erhält Rechnung für gel. Reparatur-Arbeit.	T 1	650	—		
31.	Saldo zum Ausgleich				650	—
			650	—	650	—
Febr. 1.	Saldovortrag		650	—		

II. Lieferanten.

Seite 6 — Fritz Krauß & Co., hier, Körnerstr. 18

Datum	Text	B.-V.	Empfängt DM	Pf	Gibt DM	Pf
1949						
Jan. 1.	Saldovortrag	Inv.			1750	—
3.	liefern Material	T 1			410	—
9.	empfängt durch Bank abz. 2% Skonto (8,20)	T1 K1	410	—		
	erhalten Wechsel per 15. 3. 49	T1 H9	1750	—		
			2160	—	2160	—

Seite 7 — Einkaufsgenossenschaft, hier, Menzelgasse 5

Datum	Text	B.-V.	Empfängt DM	Pf	Gibt DM	Pf
1949						
Jan. 1.	Saldovortrag	Inv.			2450	—
10.	empfängt durch Bank	T1 K1	1000	—		
16.	erhält Wechsel per 15. 2. 49 .	T1 H9	400	—		
31.	Saldo zum Ausgleich		1050	—		
			2450	—	2450	—
Febr. 1.	Saldovortrag				1050	—

III. Sonstige

Seite 8 Besitzwechsel-Konto

Datum	Text	B.-V.	Empfängt DM	₰	Gibt DM	₰
1949						
Jan. 6.	Wechsel Knabe per 15. 3. 49 .	T1 H3	390	—		
15.	Wechsel Knabe z. Diskont an Bank gegeben	T1 K1			390	—
			390	—	390	—

Seite 9 Schuldwechsel-Konto

Datum	Text	B.-V.	Empfängt DM	₰	Gibt DM	₰
1949						
Jan. 9.	mein Wechsel an Krauß & Co. per 15. 3. 49	T1 H6			1750	—
16.	mein Wechsel an Einkaufsgenossenschaft p. 15. 2. 49 .	T1 H7			400	—
31.	Saldo zum Ausgleich		2150	—		
			2150	—	2150	—
Febr. 1.	Saldovortrag				2150	—

4. Abschreibungen auf Betriebseinrichtung vornehmen (siehe Inventur).
5. Inventur aufnehmen.
   Die Beträge für Rohstoffe und Material in Höhe von DM 2680,— und für Fertigwaren in Höhe von DM 1510,— sind im Beispiel willkürlich gewählt. In der Praxis ergeben sie sich durch Erfassung und Bewertung.
6. Gesamtinventur aufstellen und Reinvermögen ermitteln.
7. Aus Inventur durch Gegenüberstellung von Vermögen und Schulden Bilanz aufstellen.
   Der Unterschiedsbetrag beider Seiten stellt ebenfalls das Reinvermögen dar und muß mit dem Reinvermögen der Inventur übereinstimmen.
8. Gewinnermittlung:
   Ermitteltes Reinvermögen der Schlußinventur
   — Reinvermögen der Eröffnungsinventur
   = Geschäftserfolg
   \+ Privatentnahmen
   = steuerpflichtiger Gewinn

Es wird empfohlen, dieses praktische Beispiel genau durchzuarbeiten und dann als Übung nur an Hand der Geschäftsvorfälle die Buchungen selbständig vorzunehmen und auf Grund der vorliegenden Buchungen nachzukontrollieren.

Schlußinventur am 31. Januar 1949

		BV	DM	₰	DM	₰
A. Vermögen (Aktiva)						
1. Kassenbestand		K 1	363	88		
2. Bankguthaben		K 1	977	20		
3. Postscheckguthaben		K 1	100	—		
4. Ausstehende Forderungen						
Rudolf Schneider, hier	DM 815 —	H 2				
Max Greubig, hier.	DM 175,—	H 4				
Richard Stolle, hier	DM 650,—	H 5	1640	—		
5. Rohstoffe und Material lt. Liste.			2680	—		
6. Fertigwaren lt. Liste			1510	—		
7. Einrichtung des Betriebes						
Maschinen, Werkzeuge						
Letzter Buchwert DM 6500,—						
abz. 10% v. Anschaffungswert DM 12000,—						
auf 1 Jahr = 1200 DM,						
auf 1 Monat DM 100,—	DM 6400,—					
Werkstattgeräte						
letzter Buchwert DM 1850,—						
abz. 20% v. Anschaffungswert DM 3600,—						
auf 1 Jahr = 720 DM,						
auf 1 Monat DM 60,—	DM 1790,—					
Büroeinrichtung						
letzter Buchwert DM 400,—						
abz. 5% v. Anschaffungswert DM 600,—						
auf 1 Jahr = 30,— DM						
auf 1 Monat DM 2,50	DM 397,50		8587	50	15858	58
B. Schulden (Passiva)						
1. Lieferantenschulden						
Einkaufsgenossenschaft, hier.		H 7	1050	—		
2. Schuldwechsel						
Wechsel Krauß & Co., hier, per						
15. 3. 49	DM 1750,—	H 6/9				
Wechsel Einkaufsgenossenschaft per						
15. 2. 49	DM 400,—	H 7/9	2150	—	3200	—
C. Reinvermögen (Eigenkapital)					12658	58

München, den 31. Januar 1949

Karl Mai

Schlußbilanz vom 31. Januar 1949

	Aktiva DM	₰	Passiva DM	₰
Kasse	363	88		
Bank	977	20		
Postscheck	100	—		
Ausstehende Forderungen	1640	—		
Rohstoffe und Material	2680	—		
Fertigwaren	1510	—		
Betriebseinrichtung	8587	50		
Lieferantenschulden			1050	—
Schuldwechsel			2150	—
Reinvermögen			12658	58
	15858	58	15858	58

München, den 31. Januar 1949

Karl Mai

Gewinnermittlung

	DM	₰
Reinvermögen vom 31. 1. 1949	12658	58
— Reinvermögen vom 31. 12. 1948	12380	—
= Geschäftserfolg	278	58
+ Privatentnahmen	324	—
= Steuerpflichtiger Gewinn	602	58

Das vorstehende Beispiel zeigt die Verbuchung der Geschäftsvorfälle während eines Monats und zugleich einen Abschluß. In der Praxis nimmt man aber im allgemeinen einen Jahresabschluß vor. Die hierzu nötigen Arbeiten sind die gleichen wie beim vorliegenden Monatsabschluß.

Das Kassenbuch wird, wie es gezeigt worden ist, am Ende des Monats abgeschlossen, und die Bestände in Kasse, Bank und Postscheck werden dann für den darauffolgenden Monat vorgetragen.

Die der Statistik dienenden Spalten: Fertigwaren, Reparaturarbeiten und Verschiedenes auf der linken Seite und die Spalten Material, Waren, Lohn, Unkosten, Privatentnahmen und Verschiedenes auf der rechten Seite erhalten keinen Vortrag.

Die aus ihnen an jedem Monatsende ermittelten Schlußsummen werden erst am Jahresende zusammengezählt, wenn man sie für die Kalkulation und steuerlichen Unterlagen benötigt.

B. Die doppelte Buchführung mit einfachem Abschluß

Bei der doppelten Buchführung mit einfachem Abschluß verbuchen wir alle Geschäftsvorfälle in doppelter Form und schließen wie bei der einfachen Buchführung durch Vergleich des Reinvermögens mit dem des vorangegangenen Wirtschaftsjahres unter Hinzurechnung der Privatentnahmen ab.

1. Eröffnungsinventur und Eröffnungsbilanz sind die gleichen wie bei der einfachen Buchführung (vergl. S. 120).

2. Die Bücher:

Tagebuch wie bei der einfachen Buchführung.

Journal ist ein kombiniertes Tagebuch und Kassenbuch. Alle Geschäftsvorfälle werden dort verbucht, so daß das Tagebuch eigentlich überflüssig ist. Wenn man es trotzdem führt, so geschieht es im Interesse einer sorgfältigen, sauberen Buchführung, die frei von Korrekturen und Fehlern sein muß.

Bei den Buchungen ins Journal geht man davon aus, daß, wenn jemand etwas empfängt, auch jemand da sein muß, der etwas gibt. Es stehen also immer mindestens 2 Konten untereinander in Verbindung.

Das Journal enthält deshalb soviel Konten, wie man zur Unterbringung der Geschäftsvorfälle braucht.

Kunden- und Lieferantenbuch (Kontokorrent, Buchungsvermerk Kk) nimmt die Übertragungen aus dem Tagebuch bzw. dem Journal (wenn man kein Tagebuch führt) auf, wie in der einfachen Buchführung, sofern sie Kunden und Lieferanten betreffen. Wenn man kein besonderes Wechselbuch führt, können auch wie bei der einfachen Buchführung die Wechselkonten in dieses Buch mit aufgenommen werden.

Die übrigen Bücher sind die gleichen wie bei der einfachen Buchführung und können ihrer Art und Zahl nach beliebig erweitert werden.

3. Die Buchungspraxis:

Alle Geschäftsvorfälle kommen zunächst in das Tagebuch. Darnach werden diese in das Journal übertragen.

Die Eintragungen in das Journal

Jeder Geschäftsvorfall steht unter zwei Fragen:

1. Frage: Welche Konten kommen für die Verbuchung in Betracht?

2. Frage: Auf welche Seiten dieser Konten buche ich?

Die Beantwortung der 1. Frage ergibt sich aus dem Tatbestand, der dem Geschäftsvorfall zu Grunde liegt. Wenn z. B. ein Kunde seine Rechnung in bar bezahlt, dann kommen das Kassenkonto und das Kundenkonto in Betracht, oder wenn Ware auf Kredit eingeht, dann kommen das Lieferantenkonto und das Warenkonto in Frage. In der Praxis ist dies viel leichter festzustellen, als es in der Theorie aussieht. Die Beantwortung der 2. Frage ist leicht, wenn man die betreffenden Konten selbst sprechen läßt. Jedes Konto nimmt Stellung zum Geschäftsvorfall und äußert sich. Das Konto spricht entweder:

ich (das Konto) empfange: dann linke Seite
(man empfängt etwas mit der linken Hand),

oder

ich (das Konto) gebe: dann rechte Seite
(man gibt im allgemeinen etwas mit der rechten Hand).

Wenn man sich dieser einfachen Hilfe bedient, solange man noch nicht sicher ist, dann können keine Fehler vorkommen.

Merke: Alles wird vom Konto aus beurteilt!

Die Buchungen im Journal

Zuerst richten wir das Journal ein, wie es in der Buchhaltersprache heißt. Praktisch bedeutet dies, daß wir die einzelnen Journalkonten beschriften. Wir beginnen mit Kasse, Bank und Postscheck und schließen dann die übrigen gebräuchlichen Konten: Kunden, Lieferanten, Material und Waren, Fertigwaren und Leistungen, Lohn, Unkosten, Besitzwechsel, Schuldwechsel, Betriebseinrichtung und Privatentnahmen an.

Haben wir das Journal eingerichtet, dann müssen wir es auf den laufenden Tag bringen. Zu diesem Zwecke werden die Bestände an Kasse-, Bank- und Postscheckguthaben aus der Eröffnungsinventur in die entsprechenden Konten des Journals übertragen.

Nun können wir mit der Verbuchung der laufenden Geschäftsvorfälle beginnen:

Jan. 2. Miete bar bezahlt (Geschäft DM 100,—, Wohnung DM 50,—) = DM 150,—
Unkostenkonto empf. DM 100,—, Privatkonto empf. DM 50,—, Kassenkonto gibt DM 150,—.
Privatentnahmen DM 150,—
Privatkonto empf. DM 150,—, Kassenkonto gibt DM 150,—.
Barabholung von Bank DM 300,—
Kassenkonto empf. DM 300,—, Bankkonto gibt DM 300,—.

Jan. 3. R. Schneider erhält Ware DM 635,—
Kundenkonto empf. DM 635,—, Material- und Warenkonto gibt DM 635,—.
F. Krauß & Co. liefern Material DM 410,—
Material- und Warenkonto empf. DM 410,—, Lieferantenkonto gibt DM 410,—.

Jan. 4. E. Glöckner zahlt bar abz. 2% Skonto (DM 5,—) DM 250,—
Kassenkonto empf. DM 245,—, Unkostenkonto empf. DM 5,—, Kundenkonto gibt DM 250,— (DM 245,— und DM 5,— Skonto), Umsatzsteuerspalte DM 245,—.

Jan. 5. Nettolöhne DM 96,—
Lohnkonto empf. DM 96,—, Kassenkonto gibt DM 96,—.

Jan. 6. E. Knabe sendet Wechsel DM 390,—
Besitzwechselkonto empf. DM 390,—, Kundenkonto gibt DM 390,—.

Jan. 7. An M. Greubig Rechnung für gel. Rep.-Arbeit gesandt DM 175,—
Kundenkonto empf. DM 175,—, Leistungskonto gibt DM 175,—.

Jan. 9. Banküberweisung an Krauß & Co. abz. 2% Skonto DM 410,—
Lieferantenkonto empf. DM 401,80 und DM 8,20 Skonto = DM 410,—, Bankkonto gibt DM 401,80, Unkostenkonto gibt DM 8,20. Da wir über kein besonderes Konto für Skonto und Zinsen verfügen, nehmen wir die Skontobeträge über Unkostenkonto. Skontoabzüge der Kunden sind von uns zu tragen und belasten (links) die Unkosten. Skontoabzüge, die wir machen, werden von anderen getragen und entlasten (rechts) die Unkosten.

Jan. 9. An Krauß & Co. Wechsel gesandt DM 1750,—
Lieferantenkonto empf. DM 1750,—, Schuldwechselkonto gibt DM 1750,—.

Jan. 10: Zahlung an Einkaufsgenossenschaft durch Bank DM 1000,—
Lieferantenkonto empf. DM 1000,—, Bankkonto gibt DM 1000,—.

Jan. 12. Nettolöhne DM 96,—
Lohnkonto empf. DM 96,—, Kassenkonto gibt DM 96,—.

Jan. 15. Diskontierung Wechsel Knabe (Spesen DM 4,—) DM 390,—
Diskontierung bedeutet Wechselverkauf vor Verfalltag gegen Zinsen und Provision der Bank, die Bank zieht sich die Diskontspesen gleich ab. Bankkonto empf. DM 386,—, Unkostenkonto empf. DM 4,—, Besitzwechselkonto gibt DM 390,—, Umsatzsteuerspalte DM 386,—.

Jan. 16. Einkaufsgenossenschaft erhält Wechsel von mir DM 400,—
Lieferantenkonto empf. DM 400,—, Schuldwechselkonto gibt DM 400,—.

Jan. 20. An R. Stolle Rechnung für gel. Rep.-Arbeit gesandt DM 650,—
Kundenkonto empf. DM. 650,—, Leistungskonto gibt DM 650,—.

Jan. 22. Sozialversicherungsbeiträge bar bezahlt (Meisteranteil DM 16,50)
Unkostenkonto empf. Meisteranteil DM 16,50, Lohnkonto empf. DM 22,50, Kassenkonto gibt DM. 39,—.

Jan. 25. Bank überweist Lohnsteuer DM 38.—
Lohnkonto empf. DM 38,— (Lohnsteuern sind ein Teil des Lohnes), Bankkonto gibt DM 38,—.

Jan. 25. Bank überweist Gewerbesteuer DM 57.—
Unkostenkonto empf. DM 57,—, Bankkonto gibt DM 57,—.
Bank überweist Einkommensteuer DM 112,—
Privatkonto empf. DM 112,— (Einkommensteuer ist eine persönliche Steuer und muß auf Privat gebucht werden), Bankkonto gibt DM 112,—.

Jan. 28. Warenentnahme für eigenen Bedarf DM 12,—
Privatkonto empf. DM 12,—, Warenkonto gibt DM 12,—, Umsatzsteuerspalte DM 12,—.

Jan. 30. Kassenfehlbetrag DM 0,12
Unkostenkonto empf. DM 0,12, da geringfügiger Betrag (sonst Buchung auf Privatkonto), Kassenkonto gibt DM 0,12.

Die Eintragungen in das Kunden- und Lieferantenbuch erfolgen in der gleichen Weise wie bei der einfachen Buchführung.

4. Der Abschluß in einfacher Form:

a) Das Journal wird aufaddiert. Kasse-, Bank- und Postscheckkonto werden genau so abgeschlossen wie in der einfachen Buchführung und zeigen damit ihre Bestände an. (Vgl. Anlage II.)
b) Das Kunden- und Lieferantenbuch wird in der gleichen Weise abgeschlossen wie bei der einfachen Buchführung.
c) Die Abschreibungen werden wie bei der einfachen Buchführung errechnet.
d) Die Inventur wird aufgestellt.
e) Die Bilanz wird aufgestellt.
Inventur und Bilanz zeigen das Reinvermögen an, das gleich sein muß.
f) Die Gewinnermittlung wird nun wie bei der einfachen Buchführung durch Vermögensvergleich unter Berücksichtigung der Privatentnahme vorgenommen.

Für den Jahresabschluß gilt ebenfalls das für den Jahresabschluß bei der einfachen Buchführung Gesagte.

C. Die doppelte Buchführung mit doppeltem Abschluß

(Beispiel für einen Monat)

Bei dieser Form der Buchführung werden, wie dies schon unter B gezeigt ist, alle Geschäftsvorfälle in doppelter Form verbucht. Der Reingewinn wird aber hier auf zweifache Art ermittelt.

An Büchern werden benötigt:

1. das Tagebuch (evtl. entbehrlich),
2. Das Kunden- und Lieferantenbuch (Kontokorrent),
3. das Journal,
4. das Inventuren- und Bilanzenbuch,
5. das Wareneingangsbuch,
6. das Lohnbuch.

Außerdem kann jeder Betrieb beliebig viele Nebenbücher einrichten.

Für den Abschluß und zu seiner Vorbereitung ist es weiter nötig, eine Abschlußtabelle einzurichten, die am Monatsende die Monats-Schlußsummen aus den Konten des Journals übernimmt.

Wenn man die Jahrestabelle nicht einführen will, muß man ein Hauptbuch einrichten. Es stellt etwas ganz anderes dar, als das „Hauptbuch" der einfachen Buchführung und darf mit diesem nicht verwechselt werden.

Die Buchungspraxis

1. Die Eröffnungsinventur und Eröffnungsbilanz werden in der bereits behandelten Form aufgestellt und in das Inventuren- und Bilanzenbuch eingetragen (vergl. Seite 120).

2. Aus der Inventur werden außenstehende Forderungen und Lieferantenschulden sowie Wechselbestand (Besitzwechsel) und Wechselschulden (Schuldwechsel), wenn solche vorhanden sind und kein gesondertes Wechselbuch geführt wird, in das Kunden- und Lieferantenbuch (Kontokorrent) eingetragen (vgl. Buchungen unter A, Seite 124).

3. In das Journal werden alle Geschäftsvorfälle eingetragen wie unter B. Ein Vortrag irgendwelcher Bestände erfolgt jedoch nicht (vgl. Anlage III).

4. In die Abschlußtabelle werden die Bestände der Eröffnungsinventur eingetragen (vgl. Anlage IV, A).

5. Aus dem Journal werden alle Geschäftsvorfälle, die Kunden, Lieferanten und Wechsel betreffen, in das Kontokorrent übertragen (vgl. S. 124).

Der Abschluß

1. Alle Konten des Kontokorrents werden abgeschlossen und auf diese Weise außenstehende Forderungen, Wechselbestände, Wechselschulden und Lieferantenschulden ermittelt.

2. Die Monatsendsummen des Journals werden in die Abschlußtabelle eingetragen (vgl. Anlage IV, A).

3. Die Schlußinventur wird aufgestellt (vgl. S. 134).

4. Die Bestände der Schlußinventur werden in die Abschlußtabelle eingetragen. Hierbei ist jeder einzelne Posten auf das in Betracht kommende Konto zu buchen. Besonders wichtig sind die Bestände an Material und Waren sowie an Fertigwaren. Bei ihrer Übertragung in die Abschlußtabelle muß man bedenken, daß die Konten Material und Waren und Fertigwaren und Leistungen auf der linken Seite die Eingänge zum Einkaufspreis und auf der rechten Seite die Ausgänge zum Verkaufspreis zeigen. Aus ihnen kann deshalb durch Vergleich der beiden Kontenseiten der Rohgewinn ermittelt werden. Doch zuvor müssen erst die Bestände der Inventur auf die Ausgangsseite (rechts) eingetragen werden. Wir tun dabei so, als hätten die Bestände den Betrieb zum Einkaufspreis bereits verlassen. Ein Vergleich beider Seiten zeigt, daß sie sich nicht ausgleichen. Der Unterschiedsbetrag auf der kleineren Seite zeigt einen Erfolg (Rohgewinn) an. Man bezeichnet diese beiden Konten als gemischte Konten, weil sie sowohl Bestände als auch Erfolge ausweisen.

Die übrigen Bestände der Inventur sind leicht unterzubringen. Wir setzen sie auf die kleinere Seite des entsprechenden Kontos.

(Vgl. Anlage IV, A.)

Schlußinventur am 31. Januar 1949

		DM	Pf	DM	Pf
A. Vermögen (Aktiva)					
1. Kassenbestand	J 1	363	88		
2. Bankguthaben	J 1	977	20		
3. Postscheckguthaben	J 1	100	—		
4. Ausstehende Forderungen:					
Schneider, hier . . . . DM 815,—	KK 2				
Greubig, hier . . . . DM 175,—	KK 4				
Stolle, hier . . . . DM 650,—	KK 5	1640,	—		
5. Material und Waren lt. Liste		2680	—		
6. Fertigwaren lt. Liste		1510	—		
7. Betriebseinrichtung:					
Maschinen u. Werkzeuge					
Buchwert v. verg.					
Jahre . . . . DM 6500,—					
— 10% v. Ansch.-W.					
12000,—, auf 1 Jahr					
= 1200,— auf 1 Mon. DM 100,— DM 6400,—					
Werkstattgeräte					
Buchwert v. verg.					
Jahre . . . . DM 1850,—					
— 20 % v. Ansch.-W.					
3600,—, auf 1 Jahr					
= 720,— auf 1 Mon. DM 60,— DM 1790,—					
Büroeinrichtung					
Buchwert v. verg.					
Jahre . . . . DM 400,—					
— 5% v. Ansch.-W.					
600,—, auf 1 Jahr =					
30,— auf 1 Monat . DM 2,50 DM 397,50		8587	50	15858	58
B. Schulden (Passiva)					
1. Lieferantenschulden					
Einkaufsgenossenschaft, hier.	KK 7	1050	—		
2. Schuldwechsel					
Wechsel Krauß per 15. 3. 49 DM 1750,—	KK 6/9				
Wechsel Einkaufsgen. per 15.2.49 DM 400,—	KK 7/9	2150	—	3200	—
C. Reinvermögen				12658	58

München, den 31. Januar 1949

Karl Mai

Eine Anzahl Konten werden sich damit ausgleichen (Bestandskonten) Diejenigen Konten, bei denen dies nicht der Fall ist, zeigen im Unterschiedsbetrag Erfolge (Gewinne oder Verluste) an (Erfolgskonten). Diesen Unterschiedsbetrag setzt man zum Ausgleich der Konten auf die kleinere Seite.

5. Sind somit die Konten der Abschlußtabelle ausgeglichen, dann übertragen wir die Bestände in die Bilanz und die Erfolge in die Gewinn- und Verlustrechnung. Man kennt zwei verschiedene Arten der Darstellung. Was auf den Konten der Abschlußtabelle Vermögensteile sind, sind Aktivposten der Bilanz, was Schuldenteile sind, sind Passivposten.

A. Schlußbilanz am 31. Januar 1949

	Aktiva		Passiva	
	DM	₰	DM	₰
Kasse	363	88		
Bank	977	20		
Postscheck	100	—		
Forderungen	1640			
Material und Waren	2680			
Leistungen	1510	—		
Betriebseinrichtung	8587	50		
Lieferantenschulden			1050	—
Schuldwechsel			2150	—
Eigenkapital			12380	—
Reingewinn			278	58
	15858	58	15858	58

München, den 31. Januar 1949

Karl Mai

A. Gewinn- und Verlustrechnung am 31. Januar 1949

	Verluste		Gewinne	
	DM	₰	**DM**	₰
Löhne	252	50		
Unkosten	174	42		
Abschreibungen	162	50		
Privatentnahmen	324	—		
Material und Waren			467	—
Leistungen			725	—
Reingewinn	278	58		
	1192	—	1192	—

München, den 31. Januar 1949

Karl Mai

A. Schlußbilanz am 31. Januar 1949

	DM		DM
Kasse	363,88	Lieferantenschulden	1050,—
Bank	977,20	Schuldwechsel	2150,—
Postscheck	100,—	Eigenkapital	12380,—
Forderungen	1640,—	Reingewinn	278,58
Material und Waren	2680,—		
Leistungen	1510,—		
Betriebseinrichtung	8587,50		
	15858,58		15858,58

München, den 31. Januar 1949

Karl Mai

A. Gewinn- und Verlustrechnung am 31. Januar 1949

Verluste	DM	Gewinne	DM
Löhne	252,50	Material und Waren	467,—
Unkosten	174,42	Leistungen	725,—
Abschreibungen	162,50		
Privatentnahmen	324,—		
Reingewinn	278,58		
	1192,—		1192,—

München, den 31. Januar 1949

Karl Mai

Eine besondere Stellung nimmt das Kapital-Konto ein. Der von ihm aufgewiesene Unterschiedsbetrag ist als Eigenkapital anzusehen, das der Unternehmer dem Geschäft zur Verfügung gestellt hat. Dieses Eigenkapital stellt Geschäftsschulden dar und kommt auf die Passivseite der Bilanz.

Die Erfolge (Gewinne oder Verluste) werden in die Gewinn- und Verlustrechnung eingetragen. Dabei ist zu beachten, daß die Verluste auf der linken Seite und die Gewinne auf der rechten Seite erscheinen. Deshalb müßte man eigentlich besser von einer Verlust- und Gewinnrechnung sprechen.

6. Der Unterschiedsbetrag der Bilanz stellt den Reingewinn dar, das Gleiche gilt für die Gewinn- und Verlustrechnung. Beide Beträge müssen gleich sein.

Die Ermittlung des steuerpflichtigen Gewinns

Bei der Ermittlung des steuerpflichtigen Gewinns spielt das Privatkonto eine wichtige Rolle. Um die Privatentnahmen zu berücksichtigen, gibt es drei Möglichkeiten:

a) Wir betrachten die Privatentnahmen zunächst als einen Verlust.

Vgl. Abschlußtabelle Anlage IV, A und Schlußbilanz A und Gewinn- und Verlustrechnung A.

Dann ergibt sich folgendes Schema:

Reingewinn	DM 278,58
+ Privatentnahme	DM 324,—
= steuerpflichtiger Gewinn	DM 602,58

b) Wir verrechnen vor der Schlußaddition der Abschlußtabelle das Privatkonto mit dem Kapitalkonto, indem wir dort buchen:

Kapitalkonto empfängt vom Privatkonto.

Dann mindert sich das Kapitalkonto um die Summe der Privatentnahmen, und das Privatkonto gleicht sich aus.

Der in der Bilanz und Gewinn- und Verlustrechnung ausgewiesene Gewinn ist dann auch der steuerpflichtige Gewinn. Vgl. Abschlußtabelle Anlage IV, B und die folgende Schlußbilanz B und Gewinn- und Verlustrechnung B.

B. Schlußbilanz am 31. Januar 1949

	Aktiva		Passiva	
	DM	₰	DM	₰
Kasse	363	88		
Bank	977	20		
Postscheck	100	—		
Forderungen	1640	—		
Material und Waren	2680	—		
Fertigwaren und Leistungen	1510	—		
Betriebseinrichtung	8587	50		
Lieferantenschulden			1050	—
Schuldwechsel			2150	—
Eigenkapital			12056	—
Steuerpflichtiger Reingewinn			602	58
	15858	58	15858	58

München, den 31. Januar 1949 Karl Mai

B. Gewinn- und Verlustrechnung am 31. Januar 1949

	Verluste		Gewinne	
	DM	₰	DM	₰
Löhne	252	50		
Unkosten	174	42		
Abschreibungen	162	50		
Material und Waren			467	—
Fertigwaren und Leistungen			725	—
Steuerpflichtiger Reingewinn	602	58		
	1192	—	1192	—

München, den 31. Januar 1949 Karl Mai

c) Wir betrachten die Privatentnahmen als vorweggenommenen Gewinn, also als einen Aktivposten der Bilanz. Zu diesem Zwecke behandeln wir die Privatentnahmen wie einen Vermögensposten der Inventur und setzen sie in der Abschlußtabelle mit den Inventurbeständen auf der rechten Seite des Privatkontos ein. Die Privatentnahmen erscheinen dann wie alle Inventurbestände in der Bilanz und zwar als Aktivposten, und der ausgewiesene Reingewinn ist dann auch der steuerpflichtige Gewinn.

Vgl. Abschlußtabelle Anlage IV, C und die folgende Schlußbilanz C und Gewinn und Verlustrechnung C.

C. Schlußbilanz am 31. Januar 1949

	Aktiva		Passiva	
	DM	₰	DM	₰
Kasse	363	88		
Bank	977	20		
Postscheck	100	—		
Forderungen	1640	—		
Material und Waren	2680	—		
Fertigwaren und Leistungen	1510	—		
Betriebseinrichtung	8587	50		
Privatentnahmen	324	—		
Lieferantenschulden			1050	—
Schuldwechsel			2150	—
Eigenkapital			12380	—
Steuerpflichtiger Reingewinn			602	58
	16182	58	16182	58

München, den 31. Januar 1949

Karl Mai

C. Gewinn- und Verlustrechnung am 31. Januar 1949

	Verluste		Gewinne	
	DM	₰	DM	₰
Löhne	252	50		
Unkosten	174	42		
Abschreibungen	162	50		
Material und Waren			467	—
Fertigwaren und Leistungen			725	—
Steuerpflichtiger Reingewinn	602	58		
	1192	—	1192	—

München, den 31. Januar 1949

Karl Mai

Das Hauptbuch an Stelle der Abschlußtabelle

In das Hauptbuch werden sämtliche Journalkonten aufgenommen und außerdem noch das Bilanzkonto und das Gewinn- und Verlustkonto. Nachdem dies geschehen ist, werden die Bestände der Eröffnungsinventur bei den entsprechenden Konten vorgetragen.

Am Ende des Monats werden die im Journal auf jedem Konto gemachten Umsätze auf die entsprechenden Hauptbuchkonten übertragen. Beim Abschluß werden die Inventurbestände auf die Hauptbuchkonten übernommen und als solche von dort in das Bilanzkonto übertragen.

Diejenigen Hauptbuchkonten, die sich darnach noch nicht ausgleichen, geben ihren Unterschiedsbetrag an das Gewinn- und Verlustkonto ab.

Beim Abschluß des Bilanzkontos und des Gewinn- und Verlustkontos erscheint der Reingewinn als Unterschiedsbetrag beider Seiten.

Hauptbuch

Seite 1

Kassenkonto

Monat	Tag	Text	Empfängt		Gibt	
			DM	₰	DM	₰
Jan.	1.	Anfangsbestand	350	—		
"	31.	Monatsumsätze	545	—	531	12
"	31.	Bestand nach Bilanzkonto			363	88
			895	—	895	—

Seite 2

Bankkonto

Monat	Tag	Text	Empfängt		Gibt	
			DM	₰	DM	₰
Jan.	1.	Anfangsbestand	2500	—		
"	31.	Monatsumsätze	386	—	1908	80
"	31.	Bestand nach Bilanzkonto			977	20
			2886	—	2886	—

Seite 3

Postscheck-Konto

Monat	Tag	Text	Empfängt		Gibt	
			DM	₰	DM	₰
Jan.	1.	Anfangsbestand	100	—		
"	31.	Monatsumsätze	—		—	
"	31.	Bestand nach Bilanzkonto			100	—
			100	—	100	—

Seite 4

Kunden-Konto

Monat	Tag	Text	Empfängt DM	Empfängt ₰	Gibt DM	Gibt ₰
Jan.	1.	Anfangsbestand	820	—		
„	31.	Monatsumsätze	1460	—	640	—
„	31.	Bestand nach Bilanzkonto			1640	—
			2280	—	2280	—

Seite 5

Lieferanten-Konto

Monat	Tag	Text	Empfängt DM	Empfängt ₰	Gibt DM	Gibt ₰
Jan.	1.	Anfangsbestand			4200	—
„	31.	Monatsumsätze	3560	—	410	—
„	31.	Bestand nach Bilanzkonto	1050	—		
			4610	—	4610	—

Seite 6

Material- und Warenkonto

Monat	Tag	Text	Empfängt DM	Empfängt ₰	Gibt DM	Gibt ₰
Jan.	1.	Anfangsbestand	2450	—		
„	31.	Monatsumsätze	410	—	647	—
„	31.	Bestand nach Bilanzkonto			2680	—
„	31.	Rohgewinn nach Gewinn- und Verlustkonto	467	—	—	
			3327	—	3327	—

Seite 7

Fertigwaren- und Leistungskonto

Monat	Tag	Text	Empfängt DM	Empfängt ₰	Gibt DM	Gibt ₰
Jan.	1.	Anfangsbestand	1610	—		
„	31.	Monatsumsätze			825	—
„	31.	Bestand nach Bilanzkonto			1510	—
„	31.	Rohgewinn nach Gewinn- und Verlustkonto	725	—		
			2335	—	2335	—

Seite 8

Lohn-Konto

Monat	Tag	Text	Empfängt DM	Empfängt ₰	Gibt DM	Gibt ₰
Jan.	31.	Monatsumsätze	252	50		
”	31.	Verlust nach Gewinn- und Verlustkonto.............			252	50
			252	50	252	50

Seite 9

Unkosten-Konto

Monat	Tag	Text	Empfängt DM	Empfängt ₰	Gibt DM	Gibt ₰
Jan.	31.	Monatsumsätze..........	182	62	8	20
”	31.	Verlust nach Gewinn- und Verlustkonto.............			174	42
			182	62	182	62

Seite 10

Besitzwechsel-Konto

Monat	Tag	Text	Empfängt DM	Empfängt ₰	Gibt DM	Gibt ₰
Jan.	31.	Monatsumsätze	390	—	390	—
			390	—	390	—

Seite 11

Schuldwechsel-Konto

Monat	Tag	Text	Empfängt DM	Empfängt ₰	Gibt DM	Gibt ₰
Jan.	31.	Monatsumsätze			2150	—
”	31.	Bestand nach Bilanzkonto	2150	—		
			2150	—	2150	—

Seite 12

Betriebseinrichtungs-Konto

Monat	Tag	Text	Empfängt DM	Empfängt ₰	Gibt DM	Gibt ₰
Jan.	1.	Anfangsbestand	8750	—		
”	31.	Bestand nach Bilanzkonto			8587	50
”	31.	Abschreibung nach Gewinn- und Verlustkonto			162	50
			8750	—	8750	—

Seite 13 — Privat-Konto

Monat	Tag	Text	Empfängt DM	Empfängt Pf	Gibt DM	Gibt Pf
Jan.	31.	Monatsumsätze	324	—		
„	31.	Verlust nach Gewinn- und Verlustkonto			324	—
			324	—	324	—

Seite 14 — Kapital-Konto

Monat	Tag	Text	Empfängt DM	Empfängt Pf	Gibt DM	Gibt Pf
Jan.	1.	Anfangsbestand			12380	—
„	31.	Bestand nach Bilanzkonto	12380	—		
			12380	—	12380	—

Seite 15 — Bilanz-Konto

Monat	Tag	Text	Empfängt DM	Empfängt Pf	Gibt DM	Gibt Pf
Jan.	31.	Kasse	363	88		
„	31.	Bank	977	20		
„	31.	Postscheck	100	—		
„	31.	Kunden.	1640	—		
„	31.	Material	2680	—		
„	31.	Fertigwaren	1510	—		
„	31.	Betriebseinrichtung	8587	50		
„	31.	Lieferanten			1050	—
„	31.	Schuldwechsel			2150	—
„	31.	Kapital			12380	—
„	31.	Reingewinn			278	58
			15858	58	15858	58

Seite 16 — Gewinn- und Verlust-Konto

Monat	Tag	Text	Empfängt DM	Empfängt Pf	Gibt DM	Gibt Pf
Jan.	31.	Rohgewinn aus Material			467	—
„	31.	Rohgewinn aus Fertigwaren . . .			725	—
„	31.	Löhne	252	50		
„	31.	Unkosten	174	42		
„	31.	Abschreibungen	162	50		
„	31.	Privat	324	—		
„	31.	Reingewinn	278	58		
			1192	—	1192	—

Der Jahresabschluß

Vorstehend wurde der Abschluß für einen Monat gezeigt. In der Praxis handelt es sich meist um Jahresabschlüsse. Die Abschlußtabelle wird zur Jahresübersicht erweitert (vergl. Anlage V).

Führt man an Stelle der Jahresübersicht ein Hauptbuch, dann werden die Umsätze der einzelnen Monate aus dem Journal in die Hauptbuchkonten übertragen, z. B.

Kassenkonto

Monat	Tag	Text	Empfängt DM	Empfängt ₰	Gibt DM	Gibt ₰
Januar	1.	Anfangsbestand	350	—		
Januar	31.	Monatsumsätze	545	—	531	12
Februar	28.	Monatsumsätze	962	—	712	50
März	31.	Monatsumsätze	1219	20	987	50
April	30.	Monatsumsätze	1420	10	1114	10
Mai	31.	Monatsumsätze	1115	11	1079	10
Juni	30.	Monatsumsätze	937	14	632	61
Juli	31.	Monatsumsätze	645	—	312	80
August	31.	Monatsumsätze	986	10	917	10
September	30.	Monatsumsätze	1110	10	1091	70
Oktober	31.	Monatsumsätze	652	—	1198	—
November	30.	Monatsumsätze	845	30	428	10
Dezember	31.	Monatsumsätze	622	10	1980	52
Dezember	31.	Bestand nach Bilanzkonto. . .			424	—
			11409	15	11409	15

Schlußbilanz am 31. Dezember 1949 (Jahresbilanz)
(vergl. auch Jahresübersicht 1949, Anlage V)

	Aktiva DM	Aktiva ₰	Passiva DM	Passiva ₰
Kasse	424	—		
Bank	2000	—		
Postscheck	105	—		
Besitzwechsel	1275	—		
Forderungen	5412	89		
Material und Waren	2635	20		
Fertigwaren und Leistungen	6982	—		
Betriebseinrichtung	7690	—		
Lieferantenschulden			9931	17
Schuldwechsel.			3050	—
Eigenkapital			12380	—
Reingewinn			1162	92
	26524	09	26524	09

München, den 31. Dezember 1949

Karl Mai

Gewinn- und Verlustrechnung am 31. Dezember 1949

	Verluste DM	₰	Gewinne DM	₰
Löhne	6610	21		
Unkosten	9236	42		
Abschreibungen	1060	—		
Privatentnahmen	7408	—		
Material und Waren			10729	67
Fertigwaren und Leistungen			14747	88
Reingewinn	1162	92		
	25477	55	25477	55

München, den 31. Dezember 1949

Karl Mai

Ermittlung des steuerpflichtigen Gewinns

	DM	₰
Reingewinn	1162	92
+ Privatentnahmen	7408	—
= Steuerpflichtiger Gewinn	8570	92

Die Abschlußarbeiten bei der Jahresübersicht und bei Führung eines Hauptbuches sind die gleichen wie bei einem Monatsabschluß.

D. Buchführung für Kleinstbetriebe

Unter Kleinstbetrieben versteht man im allgemeinen Betriebe, bei denen der Inhaber allein oder nur mit einem Lehrling oder aushilfsweise mit einem Gesellen arbeitet und bei denen sich der gesamte Wirtschaftsverkehr Zug um Zug abwickelt, d. h. in deren Betrieb irgendwelche Geschäftsvorfälle nicht vorkommen, die einen Kontokorrentverkehr nötig machen. Praktisch gesehen, wird in solchen Betrieben nur gegen sofortige Bezahlung gekauft und verkauft. Dabei ist es nach den steuerlichen Bestimmungen möglich, den steuerpflichtigen Gewinn dadurch nachzuweisen, daß man die Einnahmen und Ausgaben einfach laufend aufzeichnet.

Die Errechnung des steuerpflichtigen Gewinns erfolgt dann in der Weise, daß man zunächst die Gesamtausgaben von den Gesamteinnahmen abzieht. Der auf diese Weise ermittelte Betrag stellt aber noch nicht den steuerpflichtigen Gewinn dar.

Unter den Ausgaben befinden sich die Privatentnahmen. Sie sind als vorzeitig entnommener Gewinn anzusehen und müssen deshalb noch hinzugerechnet werden. Dasselbe gilt für Beträge, die für die Anschaffung von Betriebseinrichtungsgegenständen aufgewendet wurden.

Gleichzeitig muß aber noch berücksichtigt werden, daß die sich alljährlich erforderlich machenden Abschreibungen sich gewinnmindernd auswirken und deshalb abgezogen werden müssen und daß evtl. fremde Geldeinlagen, die ja auf der Einnahmenseite des Kassenbuchs gebucht worden sind, ebenfalls in Abzug zu bringen sind.

Nachstehendes Schema macht dies klar:

Gesamteinnahmen
— Gesamtausgaben

= Geschäftserfolg
+ Privatentnahmen für das vergangene Geschäftsjahr
+ Anschaffungswert der im Laufe des Geschäftsjahres gegen sofortige Bezahlung erworbenen Betriebseinrichtungsgegenstände (Inventar)
— Abschreibungen
— evtl. fremde Geldeinlagen

= steuerpflichtiger Gewinn

In der Meisterprüfung müssen höhere Anforderungen an das handwerkliche Rechnungswesen gestellt werden, weshalb auf die Buchführung für Kleinstbetriebe an dieser Stelle nicht noch ausführlicher eingegangen zu werden braucht.

Die Buchführungspflicht

Im allgemeinen besteht Buchführungspflicht auf Grund steuerrechtlicher Vorschriften für alle Betriebe.

a) die mehr als DM 200000,— Jahresumsatz erzielen,
b) die mehr als DM 50000,— Betriebsvermögen oder
c) mehr als DM 6000,— Gewerbeertrag im Jahre haben.

Auf alle Fälle müssen Aufzeichnungen gemacht werden

a) für die Umsatzsteuer.
b) für den Wareneingang (Wareneingangsbuch),
c) für den Warenausgang bei Betrieben, die an Wiederverkäufer liefern (Warenausgangsbuch).
d) für den an den einzelnen Arbeitnehmer gezahlten Lohn (Lohnbuch).

Mit dem 1. April 1938 wurde für alle in die Handwerksrolle eingetragenen Handwerker die Buchführungspflicht eingeführt. Inzwischen ist durch die Verordnung über die Buchführung der Handwerker, Kleingewerbetreibenden und freien Berufe vom 5. 9. 1949 für Handwerker nur noch eine Aufzeichnungspflicht angeordnet, so daß die erwähnte Kleinstbuchführung den gesetzlichen Anforderungen genügt.

Ausdrücklich muß dazu aber festgestellt werden, daß Selbstkosten- und Rentabilitätsberechnungen eine ordentliche reguläre Buchführung nötig machen und vorerwähnte Verordnung bestimmt, daß bestimmte Vergünstigungen des Einkommensteuergesetzes nicht in Betracht kommen, wenn nicht eine ordnungsgemäße Buchführung vorliegt.

Selbstkostenrechnung

Der Aufbau der Selbstkostenrechnung

Die Selbstkostenrechnung baut sich aus den Hauptposten Materialkosten, Lohnkosten und Gemeinkosten (Unkosten) auf und richtet sich nach dem Grundschema

Materialkosten
+ Lohnkosten
+ Gemeinkosten (Unkosten)
= Selbstkosten.

Die Bezeichnung Gemeinkosten für Unkosten wird neuerdings bei der Selbstkostenrechnung häufig gebraucht, weil durch diese Bezeichnung deutlicher zum Ausdruck kommt, daß die hierunter fallenden Aufwendungen zu Lasten des gesamten Betriebs gehen.

Die Materialkosten

Dem Fachmann wird es nicht schwer fallen, die für die Selbstkostenrechnung benötigten reinen Materialkosten zu ermitteln. Er braucht zu diesem Zwecke nur die aufzuwendende Materialmenge richtig zu schätzen und mit dem Einkaufspreis zu multiplizieren.

Damit ist die Sache aber noch nicht getan. Vielmehr ist noch zu berücksichtigen, daß der Anschaffungspreis des Materials sich durch Nebenkosten erhöht. Zu diesen Nebenkosten gehören z. B. Hilfsstoffe und Ersatzteile sowie Aufwendungen für Verpackung, Versicherung, Fracht und Anfuhr usw.

Die Erfassung dieser Nebenkosten für das einzelne Werkstück oder für die einzelne Arbeitsleistung dürfte im Handwerk vielfach auf erhebliche Schwierigkeiten stoßen. Deshalb werden in solchen Fällen die Nebenkosten als materialbedingte Gemeinkosten am Jahresende zusammengestellt, ihre Summe mit der Jahressumme der aufgewendeten reinen Materialkosten verglichen und zu dieser in ein prozentuales Verhältnis gebracht.

Z. B.	Reine Gesamtmaterialkosten des Jahres	DM 10000,—
	Gesamte materialbedingte Gemeinkosten des Jahres	DM 1000,—.

Hier machen die materialbedingten Gemeinkosten den 10. Teil, also 10%, der Gesamtmaterialkosten aus. Um diese Gemeinkosten wieder mit hereinzuholen, hat der Handwerksmeister bei jeder Kalkulation den errechneten Materialkosten 10% des für sie in Betracht kommenden Betrages zuzuschlagen.

Z. B. Reine Materialkosten für ein Werkstück	DM 750,—
+ 10% materialbedingte Gemeinkosten	DM 75,—
	DM 825,—.

Die Lohnkosten

Man unterscheidet bei den Lohnkosten zwischen produktiven und unproduktiven Löhnen. Die produktiven Löhne werden oft auch als Fertigungslöhne und die unproduktiven Löhne als Hilfslöhne bezeichnet.

Unter produktiven Löhnen versteht man Löhne, die in unmittelbarem Zusammenhang mit der Herstellung des Werkstücks oder der in Auftrag gegebenen Arbeitsleistung stehen. Die produktiven Löhne werden bei der Kalkulation direkt erfaßt und in die Selbstkostenrechnung eingesetzt.

Unproduktive Löhne sind Löhne, die für Nebenarbeiten in der Werkstatt oder für Arbeitsleistungen gezahlt werden, die nicht in direktem Zusammenhang mit dem erteilten Auftrag stehen, z.B. Löhne für Instandhaltung der Maschinen, für Aufräumungsarbeiten, für Reinigung der Werkstatt, für Büro- und Schreibarbeiten usw. Die unproduktiven Löhne werden auf Gemeinkosten verbucht und erscheinen im Gemeinkostenzuschlag in der Selbstkostenrechnung.

A. Die Ermittlung der produktiven Lohnkosten

Der Handwerksmeister schätzt die aufzuwendende Zeit und multipliziert die Stundenzahl mit dem entsprechenden Tariflohnsatz. Den errechneten Betrag setzt er in die Kalkulation ein.

B. Die Ermittlung der unproduktiven Löhne

Im Handwerksbetrieb ist die Ermittlung der unproduktiven Löhne durch Zeitstudien oder andere Feststellungen, wie dies bei der Industrie geschieht, nicht so leicht möglich.

Der Handwerksmeister wird sich vornehmlich auf Schätzung verlassen müssen. Wenn ihm dies nicht laufend während des Wirtschaftsjahres möglich ist, so daß er schon in dieser Zeit produktive und unproduktive Löhne getrennt verbuchen kann, muß er die unproduktiven Löhne am Jahresende von den Gesamtlöhnen, die durch das Lohnkonto ausgewiesen werden, trennen und den Gesamtgemeinkosten zuschlagen. Die verbleibende Gesamtlohnsumme zeigt dann die gesamten produktiven Löhne an.

Z. B.	Gesamtlohnsumme	DM 10000,—
	unproduktive Löhne schätzungsweise 20%	
	Gesamtgemeinkosten	DM 16000,—
Demnach:		
	Gesamtlohnsumme	DM 10000,—
	— 20% unproduktive Löhne	DM 2000,—
	= Gesamtproduktive Löhne	DM 8000,—
	Gemeinkosten	DM 16000,—
	+ unproduktive Löhne	DM 2000,—
	= Gesamtgemeinkosten	DM 18000,—

C. Der Meisterlohn

Da der Handwerksmeister fast immer mit in seinem Betrieb tätig ist, sind bei der Selbstkostenrechnung für ihn ebenfalls Lohnkosten zu berücksichtigen. Arbeitet er selbst praktisch mit, dann ist sein Anteil an den Lohnkosten in Höhe des Spitzenlohnes eines qualifizierten Gesellen als produktiver Lohn anzusetzen. Er wird als solcher unmittelbar bei der Kalkulation erfaßt. Ist der Handwerksmeister aber praktisch nicht mit tätig, dann stellen die Lohnkosten für seine Tätigkeit im Betrieb unproduktive Löhne dar und sind auf Gemeinkosten zu verbuchen. Die auf Arbeitsleistungen der mithelfenden Familienangehörigen zu kalkulierenden Lohnkosten sind ebenfalls als unproduktive Löhne zu betrachten und auf Gemeinkosten zu verbuchen.

Z. B.	Meisterlohn	DM 3600,—
	Gemeinkosten	DM 16000,—
	Lohnsumme	DM 10000,—
	unproduktiver Lohn 20% (geschätzt).	

A. Der Meister arbeitet praktisch mit:

	Lohnsumme	DM 10000,—
—	20% unproduktiver Lohn	DM 2000,—
		DM 8000,—
+	Meisterlohn	DM 3600,—
=	produktiver Gesamtlohn	DM 11600,—
	Gemeinkosten	DM 16000,—
+	unproduktiver Lohn	DM 2000,—
=	Gesamt-Gemeinkosten	DM 18000,—

B. Der Meister arbeitet praktisch nicht mit:

	Lohnsumme	DM 10000,—
—	20% unproduktiver Lohn	DM 2000,—
=	produktiver Gesamtlohn	DM 8000,—
	Gemeinkosten	DM 16000,—
+	unproduktiver Lohn	DM 2000,—
+	Meisterlohn	DM 3600,—
=	Gesamt-Gemeinkosten	DM 21600,—

Besonders sei aber hierzu noch bemerkt, daß sich die Darlegungen über den Meisterlohn **nur** auf die Kalkulation beziehen. In der Buchführung sind die Geldentnahmen des Meisters auf Privatkonto zu buchen und als Einkommen zu versteuern.

Die Gemeinkosten

Unter Gemeinkosten versteht man die mittelbaren Unkosten des Betriebes. Sie stehen nicht in direktem Zusammenhang mit dem herzustellenden Werkstück oder der Leistung, müssen aber ebenfalls in den Preis einkalkuliert werden.

In erster Linie muß deshalb dafür gesorgt werden, daß die Gemeinkosten vollständig und richtig erfaßt und übersichtlich aufgestellt werden. Darnach sind die Gemeinkosten anteilig bei dem herzustellenden Werkstück oder bei der zu leistenden Arbeit in die Kalkulation aufzunehmen.

Es sind somit zwei Arbeitsgänge, die nachstehend einer genauen Betrachtung unterzogen werden müssen.

1. Die Erfassung und Aufgliederung der Gemeinkosten.
2. Die Einbeziehung der Gemeinkosten in die Selbstkosten mit Hilfe des Zuschlagsverfahrens oder des Teilungsverfahrens.

1. Die Erfassung und Aufgliederung der Gemeinkosten

Alle Gemeinkosten sind zu erfassen. Dies geschieht durch ihre Verbuchung auf dem Gemeinkostenkonto (Unkostenkonto). Es ist aber dabei zu beachten, daß die unproduktiven Löhne für den Meister und die mithelfenden Familienangehörigen, die Abschreibungen und die Verzinsung des Eigenkapitals bei der Feststellung der für die Kalkulation gültigen gesamten Gemeinkosten noch berücksichtigt, also hinzugerechnet werden müssen.

In unserem Buchungsbeispiel haben wir sämtliche laufenden Unkosten auf dem Unkostenkonto verbucht. In mittleren und größeren Betrieben empfiehlt es sich, dieses Konto zu unterteilen. Man erreicht auf diese Weise einen besseren Überblick über die Einzelkosten und hat dadurch die Möglichkeit, ihren Anteil an den gesamten Gemeinkosten laufend zu beobachten und sie unter Umständen herabzudrücken. In vielen Handwerkszweigen hat man zu diesem Zweck Kostenbogen eingeführt, die entsprechende Verteilungsschemen enthalten. Diese Bogen sind besonders dann empfehlenswert, wenn die Untergliederung des Gemeinkostenkontos nicht schon in der Buchführung selbst erfolgt ist.

Nachstehend zeigen wir das Muster eines solchen Gemeinkostenverteilungsbogens, aus dem sich gleichzeitig die Vielgestaltigkeit der Gemeinkosten erkennen läßt (vgl. Anlage VI).

2. Die Einbeziehung der Gemeinkosten in die Selbstkostenrechnung

A. Das Zuschlagsverfahren (Zuschlagskalkulation)

Die anteilige Verteilung der Gemeinkosten in die Selbstkostenrechnung erfolgt durch einen prozentualen Zuschlag

a) auf die produktiven Lohnkosten,
b) auf die Materialkosten,
c) auf die produktiven Werkstattstunden,
d) auf die Herstellungskosten (also auf die produktiven Lohnkosten und auf die Materialkosten).

Wie nimmt man nun rechnerisch die Verteilung vor? Wie ermittelt man den Zuschlagsprozentsatz?

Wir bringen die Summe der Gemeinkosten in ein Verhältnis zu den gesamten produktiven Löhnen, wenn wir auf Lohnkosten zuschlagen wollen, zu dem gesamten Materialaufwand, wenn der Zuschlag auf Materialkosten erfolgen soll. Ebenso bringen wir die Summe der Gemeinkosten in ein Verhältnis zu der Summe der produktiven Werkstattstunden, wenn wir auf Lohnkosten für Arbeitsstunden zuschlagen wollen, oder zu der Summe des gesamten Materialaufwands und der gesamten produktiven Löhne, wenn wir auf Herstellungskosten zuschlagen.

Rechnerisch geschieht das in der Weise, daß wir die gesamten Gemeinkosten durch den Gesamtbetrag desjenigen Postens teilen, auf den wir zuschlagen wollen.

Beispiel:

Wir wollen auf die Lohnkosten zuschlagen. Dann finden wir den Zuschlagsprozentsatz nach dem Schema:

$$\frac{\text{Gesamt-Gemeinkosten}}{\text{Gesamtprod. Löhne}} \text{ mal } 100 = \% \text{ Zuschlag.}$$

Angenommen: Die Gesamtgemeinkosten betragen DM 6560,—, die gesamtproduktiven Löhne sind DM 8200,—, dann ergibt sich

$$\frac{6560}{8200} = 0{,}80 \text{ mal } 100 = 80\%.$$

Demnach hätten wir 80% auf die Löhne zuzuschlagen.

Wir wollen auf die Materialkosten zuschlagen, dann finden wir den Zuschlagsprozentsatz nach dem Schema:

$$\frac{\text{Gesamt-Gemeinkosten}}{\text{Gesamtmaterialkosten}} \text{ mal } 100 = \% \text{ Zuschlag.}$$

Angenommen: Die Gesamt-Gemeinkosten betragen DM 6560,—, die Gesamtmaterialkosten belaufen sich auf DM 12740,—, dann ergibt sich

$$\frac{6560}{12740} = 0{,}515 = 51{,}5\%.$$

Demnach hätten wir 51,5% auf das Material zuzuschlagen.

Wir wollen auf die produktiven Werkstattstunden zuschlagen. Dann finden wir den Zuschlag nach dem Schema:

$$\frac{\text{Gesamt-Gemeinkosten}}{\text{Gesamtprod. Werkstattstd.}} \text{ mal } 100 = \text{Zuschlag in Pfennigen.}$$

Angenommen: Die Gesamt-Gemeinkosten betragen DM 6560,—, die gesamten produktiven Werkstattstunden betragen 14000, dann ergibt sich

$$\frac{6560}{14000} = 0{,}468 \text{ mal } 100 = 46{,}8 \text{ Pfg.}$$

Demnach hätten wir 46,8 Pfg. auf die Werkstattstunde zuzuschlagen.

Wir wollen auf die Herstellungskosten zuschlagen. Dann finden wir den Zuschlagsprozentsatz nach dem Schema:

$$\frac{\text{Gesamt-Gemeinkosten}}{\text{Herstellungskosten}} \text{ mal } 100 = \% \text{ Zuschlag.}$$

Unter Herstellungskosten verstehen wir die Aufwendungen für Material und Lohn.

Angenommen: Die Gesamt-Gemeinkosten betragen DM 6560,—, die Herstellungskosten betragen DM 20940,— (gesamtproduktive Löhne DM 8200,— und Gesamtmaterialkosten DM 12740,—), dann ergibt sich

$$\frac{6560}{20940} = 0{,}313 \text{ mal } 100 = 31{,}3\%.$$

Demnach hätten wir 31,3% auf die Herstellungskosten zuzuschlagen.

Wer nach diesen Beispielen die Verrechnung der Gemeinkosten immer noch nicht verstanden hat, kann es sich auch an Hand der Schul-Regeldetrie klar machen.

Z. B. Wir wollen auf Lohn zuschlagen. Dann ergibt sich nach unserem Beispiel

auf DM 8200,— prod. Lohn entfallen DM 6560,— Gemeinkosten

auf DM 1,— prod. Lohn entfallen $\frac{\text{DM } 6560,\text{—}}{\text{DM } 8200,\text{—}}$ = 0,80 DM Gemeinkosten, das sind 80 Pfg. auf 1 DM, also 80%.

Merke vor allem: Immer die Gemeinkosten werden geteilt!

Wir haben also verschiedene Möglichkeiten, die Gemeinkosten anteilig zuzuschlagen. Worauf der Zuschlag erfolgt, hängt von der Struktur des Betriebes ab. In handwerklichen Betrieben wird man vorwiegend auf die Löhne zuschlagen.

Die Erweiterung der Selbstkostenrechnung durch Berücksichtigung der aufgeteilten Gesamt-Gemeinkosten

Im vorigen Kapitel wurden die Grundlagen der Zuschlagskalkulation gezeigt. In der Praxis kann man das Kalkulationsschema nach Bedarf erweitern. Der Kostenverteilungsbogen leistet hierbei besonders gute Dienste. Die dort aufgeteilten Gemeinkosten werden dann in Einzelpositionen prozentual zugeschlagen.

Beispiel: Gesamt-Gemeinkosten DM 18000,—.

Angenommen, diese seien aufgeteilt in

materialbedingte Gemeinkosten	DM 1800,—
lohnbedingte Gemeinkosten	DM 9000,—
betriebsbedingte Gemeinkosten	DM 7200,—.

Es sei weiter angenommen, die Gesamtsumme für Material betrage DM 9000,—, die gesamte produktive Lohnsumme DM 15000,—.

Wir haben nun die Zuschlagsprozentsätze für materialbedingte, lohnbedingte und betriebsbedingte Gemeinkosten auszurechnen. Dies geschieht, indem wir die materialbedingten Gemeinkosten zu den Gesamt-Materialkosten, die lohnbedingten Gemeinkosten zu den gesamten produktiven Löhnen und die betriebsbedingten Gemeinkosten zu den Herstellungskosten in ein prozentuales Verhältnis setzen.

Darnach ergibt sich:

$$\frac{\text{Materialbedingte Gemeinkosten} = 1800}{\text{Gesamt-Materialkosten} = 9000} = 0{,}2 \text{ mal } 100 = 20\%$$

Der Zuschlag auf Materialkosten beträgt 20%.

$$\frac{\text{Lohnbedingte Gemeinkosten} = 9000}{\text{Gesamtproduktive Löhne} = 15000} = 0{,}6 \text{ mal } 100 = 60\%$$

Der Zuschlag auf Lohnkosten beträgt 60%.

$$\frac{\text{Betriebsbedingte Gemeinkosten} = 7200}{\text{Ges. Material + ges. prod. Löhne} = 24000} = 0{,}3 \text{ mal } 100 = 30\%$$

Der Zuschlag auf Herstellungskosten betragt 30%.

Beispiel:

Material	DM 100,—
+ 20% materialbedingte Gemeinkosten	DM 20,—
+ Lohnkosten	DM 200,—
+ 60% lohnbedingte Gemeinkosten	DM 120,—
+ 30% betriebsbedingte Gemeinkosten	DM 90,—
(DM 100,— Mat. + DM 200,— Lohn)	
= Selbstkosten	DM 530—

Die Erweiterung der Selbstkostenrechnung durch besondere Berücksichtigung der Maschinenkosten

In Betrieben, die viel Maschinenarbeit leisten, werden die durch die Maschinen verursachten Unkosten (Instandhaltung, Reparaturen, Abnutzung usw.) die lohnbedingten Gemeinkosten stark belasten. Wenn ein Auftrag kalkuliert werden soll, bei dem auch viel Handarbeit zu leisten ist, werden die Lohnkosten für die reine Lohnarbeit einen unverhältnismäßig hohen Zuschlagssatz aufweisen. Um dies abzustellen, sind die lohnbedingten Gemeinkosten in maschinenbedingte Gemeinkosten und lohnbedingte Gemeinkosten aufzuteilen. Für jede dieser beiden Gruppen ist dann ein besonderer Zuschlag zu errechnen.

Bleiben wir bei unserem Beispiel. Dort hatten wir als Summe der lohnbedingten Gemeinkosten den Betrag von DM 9000,— angenommen. Nehmen wir an, hiervon seien DM 6000,— maschinenbedingte Gemeinkosten und DM 3000,— lohnbedingte Gemeinkosten, und nehmen wir weiter an, es seien insgesamt 15000 produktive Werkstattstunden zu je DM 1,— geleistet worden, von denen 3000 Stunden Maschinenarbeit war. Die gesamte produktive Lohnsumme betrug sonach

DM 15000,—. Dann rechnen wir den Zuschlagssatz auf die Lohnkosten für Maschinenarbeit nach unserem Schema wie folgt aus:

$$\frac{6000 \text{ maschinenbedingte Gemeinkosten}}{3000 \text{ produktive Maschinenstunden}} = 2 \text{ mal } 100 = 200\%$$

Der Zuschlag auf die Maschinenstunden beträgt demnach 200%.

Der Zuschlag auf die Lohnkosten für Handarbeit stellt sich wie folgt:

$$\frac{3000 \text{ lohnbedingte Gemeinkosten}}{15000 \text{ gesamt produktive Löhne}} = 0{,}2 \text{ mal } 100 = 20\%$$

Der Zuschlag auf Lohnkosten für Handarbeit beträgt sonach 20%.

Der Rest der lohnbedingten Gemeinkosten wird im Hinblick darauf, daß diese im Interesse des gesamten Betriebes aufgewendet worden sind, zu den gesamten produktiven Löhnen in Beziehung gesetzt.

Beispiel:

Material	DM 100,—
20% materialbedingte Gemeinkosten	DM 20,—
60 Maschinenstunden je DM 1,—	DM 60,—
200% maschinenbedingte Gemeinkosten	DM 120,—
120 Handarbeitsstunden je DM 1,—	DM 120,—
20% lohnbedingte Gemeinkosten auf Gesamtlohn von DM 180,—	DM 36,—
30% betriebsbedingte Gemeinkosten auf DM 100,— Material + DM 180,— Lohn	DM 84,—
	DM 540,—

B. Das Teilungsverfahren (Divisionskalkulation)

Das Teilungsverfahren kann dort angewendet werden, wo es sich um Serienfabrikation handelt, also bei Betrieben, die gleichartige Waren herstellen, z. B. im Bäckerhandwerk.

Es sind dann nur die gesamten Gemeinkosten festzustellen und auf die Einzelerzeugnisse umzulegen.

Beispiel: Die gesamten Gemeinkosten in einer Bäckerei betragen wöchentlich DM 390,—. Im gleichen Zeitraum werden 3000 kg Brot hergestellt. Dann betragen die Gemeinkosten für jedes Kilogramm Brot 0,13 Pfg., die auf das Material (Herstellungspreis für 1 kg Brot) zugeschlagen werden müssen.

Die Preisermittlung

Die Selbstkostenrechnung hatte die Aufgabe, zu ermitteln, was die Herstellung eines Werkstücks oder einer Arbeitsleistung dem Handwerksmeister selbst kostet. Ihm steht das Recht zu, auf die errechneten Selbstkosten noch einen Aufschlag als Gewinn vorzunehmen. Dieser Gewinnzuschlag soll das Unternehmerwagnis, die Festlegung des eigenen Vermögens und die Übernahme der Verantwortung abgelten und hat damit der gesamten Volkswirtschaft gegenüber seine Berechtigung. Bei freier Marktwirtschaft wird sich die Höhe des Gewinnzuschlags nach Angebot und Nachfrage, nach der Geschäftslage und den örtlichen Verhältnissen richten. Wird aber die Preisbildung durch staatliche Wirtschaftspolitik (gebundene Marktwirtschaft) beeinflußt, dann muß sich der Unternehmer bei Festlegung des Gewinnzuschlags nach den geltenden Preisvorschriften richten. Jn jedem Falle ist der Verkaufspreis nach dem Schema

Selbstkosten
\+ Gewinnzuschlag
= Verkaufspreis

festzulegen.

Die Umsatzsteuer in der Kalkulation

Die Umsatzsteuer ist eine Überwälzungssteuer, d. h. der Unternehmer ist berechtigt, die Umsatzsteuer auf den Preis zu schlagen. Das kann er durch zwei verschiedene Methoden erreichen. Entweder er verbucht die Umsatzsteuer auf Gemeinkosten, oder er führt ein besonderes Konto über Umsatzsteuer. Im ersteren Falle steckt der Umsatzsteuerbetrag mit im Gemeinkostenzuschlag und darf deshalb nicht noch einmal in die Selbstkostenrechnung aufgenommen werden. Im letzteren Falle ist dies zulässig. Dies muß ausdrücklich herausgestellt werden, da vielfach die Umsatzsteuer auf Gemeinkosten verbucht und in der Selbstkostenrechnung noch einmal zugeschlagen wird. Bei gebundener Marktwirtschaft widerspricht dies dem geltenden Preisrecht.

Preisermittlung und Preisrecht

Bei der Preisfestsetzung sind die jeweils geltenden Preisvorschriften streng zu beachten. Soweit solche in Kraft sind, beeinflussen sie die Preisbildung nachdrücklich. Der Handwerksmeister kann dann auf Grund seiner Selbstkostenrechnung Vergleiche anstellen, ob er mit den festgesetzten Preisen auskommen kann. Es empfiehlt sich, sich vor Festlegung von Preisen bei der Preisbehörde und der zuständigen Handwerksorganisation genau über die jeweils bestehenden Preisvorschriften zu unterrichten.

Anhang für West-Berlin

Die Darlegungen im Hauptteil des Buches sind grundsätzlicher Art und entsprechen im allgemeinen der Sachlage in der Bundesrepublik Deutschland und größtenteils derjenigen in West-Berlin. Die besonderen Verhältnisse in West-Berlin weisen aber in verschiedenen Stoffgebieten doch Abweichungen auf. Soweit dies der Fall ist, wurden dieselben in nachstehendem Anhang angeführt.

Hierzu gilt im einzelnen folgendes:

1. Handwerksrecht: Hier gelten nur die Darlegungen im Anhang.
2. Lehrlings-, Gesellen- und Meisterwesen: Hier gilt vorwiegend der Hauptteil. Nur einige wenige Veränderungen im Anhang sind zu berücksichtigen.
3. Wirtschaftsrecht: Hier gilt der Hauptteil auch für Berlin.
4. Gewerberecht: Es gelten die Ausführungen des Hauptteils. In Berlin ist lediglich das Gesetz über die Gewerbefreiheit im Anhang zu berücksichtigen.
5. Arbeitsrecht: Die Berliner Verhältnisse weichen vom Hauptteil in folgenden Punkten ab: a) Urlaub, b) Arbeitsbehörden, c) Kündigungsschutz, d) Jugendschutz. Sie sind im Anhang dargeboten.
6. Sozialversicherung: Der Hauptteil gilt nicht. Die Sozialversicherung für Berlin ist im Anhang ausführlich behandelt.
7. Altersversorgung des Handwerks: Gilt nicht für Berlin, da dort Pflichtversicherung bei der Sozialversicherung bei Selbständigen mit nicht mehr als 5 Beschäftigten eingeführt ist.
8. Rechtskunde: Hauptteil gilt, nur tritt in Berlin an Stelle des Oberlandesgerichts das Kammergericht.
9. Steuerwesen: Vom Hauptteil gelten nur: Einteilung der Steuern (S. 89), Umsatzsteuer (S. 91), Gewerbesteuer (S. 92), Formalitäten in Steuersachen (S. 95), alles übrige bringt der Anhang.
10. Staatskunde: Die Verfassung von Berlin vom 1. 9. 1950 ist im Anhang behandelt.
11. Die eingetragene Genossenschaft: Hauptteil gilt auch für Berlin.
12. Der Wechsel: Der Hauptteil gilt auch für Berlin.
13. Zahlungsverkehr: Der Hauptteil gilt auch für Berlin.
14. Buchführung: Der Hauptteil gilt auch für Berlin.
15. Selbstkostenrechnung: Der Hauptteil gilt auch für Berlin.

Handwerksrecht

Die handwerkliche Organisation

Die handwerkliche Organisation in West-Berlin ist nur in ihren Grundlagen ausgebildet. Es gibt dort nur Innungen, die der Aufsicht des Magistrats und in seinem Auftrage der Handwerks- und Gewerbekammer zu Berlin e. V. unterstehen.

Die Handwerkerinnung

ist der lokale Zusammenschluß aller in der Handwerksrolle eingetragenen Handwerker des gleichen oder verwandten Berufszweiges.

Die Mitglieder der Innung bilden die Innungsversammlung, die den Innungsvorstand mit dem Obermeister an der Spitze wählt.

Die Innung in West-Berlin ist als eingetragener Verein anzusehen. Sie wird vom Vorstand gerichtlich und außergerichtlich vertreten.

Die Hauptaufgaben der Innung beruhen vornehmlich in der Betreuung und Beratung ihrer Mitglieder auf ihren Fachgebieten und in arbeitsrechtlichen und wirtschaftlichen Fragen. Außerdem hat die Innung die Vertretung der beruflichen Interessen der Mitglieder wahrzunehmen, Gutachten zu erstatten, im Lehrlingswesen mitzuwirken, Gesellenprüfungen abzunehmen und alle Aufgaben zu erfüllen, die ihr von der Handwerks- und Gewerbekammer zugewiesen werden. Weitere Aufgaben der Innung regelt die Satzung.

Die Innungssatzung ist eine Zusammenstellung von Bestimmungen, die das Innungsleben regeln. Sie hat u. a. zu enthalten:

1. Den Namen, Sitz und Bezirk der Innung sowie den oder die Handwerkszweige, für die sie errichtet ist.
2. Die Aufgaben der Innung und die ihnen dienenden Einrichtungen,
3. Bestimmungen über den Obermeister, die Ausschüsse und die Form der Geschäftsführung,
4. Die Rechte und Pflichten der Innungsmitglieder,
5. Die Zusammensetzung der Innungsversammlung, das Stimmrecht in ihr, die Art der Beschlußfassung usw.,
6. Die Form der Bekanntmachungen der Innung,
7. Die Voraussetzungen und die Form einer Satzungsänderung,
8. Die Aufstellung und Prüfung der Jahresrechnung,
9. Die Voraussetzungen und die Form der Verhängung von Innungsstrafen und deren Höchstmaß.

Die Handwerks- und Gewerbekammer zu Berlin e. V.

Die Handwerks- und Gewerbekammer zu Berlin beruht auf dem freiwilligen Zusammenschluß der handwerklichen, der handwerksähnlichen und der gewerblichen Betriebe Berlins in der Rechtsform eines eingetragenen Vereins.

Sie berät ihre Mitglieder in gesamtwirtschaftlichen Fragen und hat selbstverantwortlich die Wirtschaft des Handwerks und Gewerbes in Berlin zu entwickeln, zu fördern und für den Ausgleich der wirtschaftlichen und sozialen Interessen zu sorgen.

Aufgaben der Kammer

a) Erstattung von Gutachten über die Wirtschaftslage, Sammlung statistischen Materials und Unterbreitung von Vorschlägen zur Förderung der Wirtschaft;

b) Führung folgender Verzeichnisse:
   1. der Handwerksbetriebe (Handwerksrolle),
   2. der handwerksähnlichen Betriebe,
   3. der nichthandwerklichen Gewerbebetriebe (Gewerberolle).
   4. der Lehrlinge;

c) Förderung des Lehrlingswesens, Mitwirkung bei seiner Regelung, Durchführung von Maßnahmen für die fachliche Aus- und Fortbildung der Berufsangehörigen;

d) Beratung des Magistrats hinsichtlich der Durchführung der Gesellen-(Gehilfen-)prüfungen und Erlaß von Prüfungsordnungen;

e) Durchführung von Gesellen- bezw. Gehilfenprüfungen auf Grund besonderer Ermächtigung, soweit für die Abnahme der Prüfungen in den einzelnen Gewerben nicht vorschriftsmäßig gesorgt ist;

f) Mitwirkung bei der Überwachung der Gesellen- bzw. Gehilfenprüfungen;

g) Mitwirkung bei der Bildung des Ausschusses zur Entscheidung über Beanstandung von Beschlüssen der Gesellenprüfungsausschüsse, Unterstützung der Geschäftsführung dieses Ausschusses;

h) Unterbreitung von Vorschlägen über die Zusammensetzung der Meisterprüfungsausschüsse und Geschäftsführung dieser Ausschüsse;

i) Beratung bei der widerruflichen Erteilung oder dem Widerruf der Befugnis zur Anleitung von Lehrlingen;

k) Mitwirkung bei der Bestellung von Sachverständigen;

l) Beratung der angeschlossenen Mitglieder in Fragen des Wirtschafts-, Arbeits- und Steuerrechts;

m) Förderung des Genossenschaftswesens;

n) Errichtung einer Gütestelle zur Beilegung von Streitigkeiten zwischen Mitgliedern untereinander und ihren Kunden, soweit die Innungen und Fachvereinigungen dazu nicht in der Lage sind.

Mitglieder

Die Kammer besteht aus korporativen Mitgliedern und Einzelmitgliedern. Korporative Mitglieder der Kammer können werden:

Innungen und Fachvereinigungen des Handwerks und Gewerbes, soweit sie nicht der Industrie oder dem Handel angehören.

Die korporative Mitgliedschaft gewährt den Mitgliedern der Innungen oder Fachvereinigungen die gleichen Rechte wie die Einzelmitgliedschaft.

Einzelmitglieder der Kammer ohne Vermittlung einer Organisation können werden:

Alle natürlichen und juristischen Personen ohne Rücksicht auf ihre Rechtsform sowie Personengesellschaften, die in Groß-Berlin einen handwerklichen, handwerksähnlichen oder gewerblichen Betrieb ausüben, soweit sie nicht der Industrie oder dem Handel angehören.

Erwerb und Beendigung der Mitgliedschaft

Die Mitgliedschaft ist freiwillig. Die Ablehnung eines Aufnahmeantrags kann nur durch den Vorstand erfolgen.

Der Austritt aus der Kammer ist nur zum Schluß eines Kalenderjahres zulässig. Die Austrittserklärung muß drei Monate vor Ablauf des Kalenderjahres durch eingeschriebenen Brief erfolgen.

Die Mitgliedschaft erlischt außerdem durch Auflösung, Tod oder Ausschluß aus einem wichtigen Grunde durch den Vorstand nach vorheriger Anhörung des Betroffenen.

Pflichten der Mitglieder

Die Mitglieder sind verpflichtet, der Kammer die zur Durchführung ihrer Aufgaben notwendigen sachdienlichen Angaben zu machen und die von der Vollversammlung beschlossenen Beiträge zu entrichten.

Vollversammlung

Die Vollversammlung ist das von den Mitgliedergruppen auf Grund einer besonderen Wahlordnung gewählte oberste Organ der Handwerks- und Gewerbekammer Berlin.

Die Wahlen zur Vollversammlung erfolgen auf zwei Jahre.

Die Vollversammlung besteht aus höchstens 100 Mitgliedern, von denen 10 auf die nichthandwerklichen Betriebe entfallen. Sie faßt ihre Beschlüsse mit einfacher Stimmenmehrheit und ist beschlußfähig, sofern die Hälfte ihrer Mitglieder anwesend ist.

Aufgaben der Vollversammlung:

a) Beschlußfassung über die ihr vom Vorstand oder aus ihrer Mitte gemachten Vorlagen;
b) Entgegennahme von Berichten des Vorstandes über die Arbeit der Kammer und die wirtschaftliche Lage des Handwerks und Gewerbes;
c) Aufstellung von Richtlinien und Weisungen für die Arbeit der Kammer;
d) Einsetzung von Ausschüssen;
e) Beschlußfassung über den Haushaltsplan der Kammer, Prüfung der Jahresrechnung und Entlastung des Vorstandes der Kammer.

Die Vollversammlung kann an den Vorstand Anfragen richten und Berichterstattung verlangen. Der Vorstand muß während der Beratung jederzeit gehört werden.

Vorstand

Der Vorstand der Handwerks- und Gewerbekammer besteht aus dem Vorsitzenden der Kammer, seinem Stellvertreter und 7 Mitgliedern. Er wird von der Vollversammlung auf die Dauer von zwei Jahren gewählt. Wiederwahl ist zulässig.

Der Vorstand führt nach den Richtlinien der Vollversammlung die Geschäfte der Kammer.

Der Vorsitzende der Kammer vertritt diese nach außen.

Zu vermögensrechtlichen Verpflichtungen für die Kammer ist die gemeinsame Zeichnung des Vorsitzenden und Hauptgeschäftsführers oder deren Stellvertreter erforderlich.

Der Vorstand ist ehrenamtlich tätig. Über seine Aufwandsentschädigung beschließt die Vollversammlung im Rahmen des Haushaltsplanes der Kammer.

Ausschüsse

Die von der Vollversammlung gewählten Ausschüsse sind nur der Vollversammlung verantwortlich. Insbesondere werden folgende Ausschüsse gebildet:

1. Ausschuß für das Lehrlingswesen,
2. Gesellenausschuß,
3. Ausschuß für soziale Angelegenheiten.

Diese Ausschüsse sollen sich zur Hälfte aus kammerzugehörigen Betriebsinhabern, zur andern Hälfte aus Gesellen dieser Betriebe zusammensetzen.

Geschäftsführung

Die Kammer unterhält zur Durchführung ihrer Aufgaben eine Geschäftsstelle, die vom Hauptgeschäftsführer geleitet wird. Er ist dem Vorstand für die ordnungsgemäße Durchführung der Arbeiten verantwortlich.

Auflösung

Die Kammer kann durch Beschluß der Vollversammlung aufgelöst werden. Der Auflösungsbeschluß erfordert die Anwesenheit von mindestens Zweidrittel der Vollversammlungsmitglieder. Wird diese Zahl nicht erreicht, ist eine neue Vollversammlung einzuberufen, die ohne Rücksicht auf die Zahl der Erschienenen beschlußfähig ist.

Der Auflösungsbeschluß erfordert eine Dreiviertelmehrheit.

Die Auflösung der Kammer erfolgt ohne besonderen Beschluß der Vollversammlung, falls eine durch Gesetz erstellte Selbstverwaltung die Aufgaben dieser Kammer übernimmt.

Das bei der Auflösung vorhandene Vereinsvermögen geht auf die evtl. zu bildende neue Selbstverwaltungsorganisation über. Wird eine solche nicht errichtet. so hat die Vollversammlung auf Vorschlag des Vorstandes über die Verwendung des Vereinsvermögens zur Förderung handwerklicher und gewerblicher Interessen zu beschließen.

Großer Befähigungsnachweis

Der selbständige Betrieb eines Handwerks ist zur Zeit von der Eintragung in die Handwerksrolle abhängig. In diese werden im allgemeinen nur diejenigen Handwerker eingetragen, die die Meisterprüfung abgelegt oder die Befugnis zur Anleitung von Lehrlingen oder eine Sondergenehmigung haben. Sie erhalten auf Grund der Eintragung eine Handwerkskarte.

Der Ausbau und Aufbau der handwerklichen Organisation in West-Berlin ist noch unvollständig. Es bleibt abzuwarten, ob dieser durch ein besonderes Handwerkergesetz für Berlin geregelt wird oder ob das in Aussicht stehende Handwerkergesetz der Bundesrepublik Deutschland sinngemäß zu gegebener Zeit angewendet werden wird.

Lehrlings-, Gesellen- und Meisterwesen

Die Ausführungen im Hauptkapitel gelten sinngemäß.

Ausnahme: Lehrlingsstreitigkeiten.

Bei Lehrlingsstreitigkeiten kann auf Antrag einer der Streitparteien der Lehrlingswart zur Vermittlung angerufen werden. Gelingt eine Einigung nicht. dann entscheidet das Arbeitsgericht.

Lehrvertrag

Der Lehrvertrag ist nach einem Einheitsmuster abzuschließen. das für Lehrlinge aller Berufe gilt.

Wirtschafts- und Gewerberecht

I. Wirtschaftsrecht

Die entsprechenden Darlegungen im Hauptteil des Buches gelten. Zu bemerken ist nur noch, daß das Patentamt seinen Sitz in München hat und eine Zweigstelle nach Berlin gelegt werden soll.

II. Gewerberecht

Auch in West-Berlin ist die Reichsgewerbeordnung maßgebend, weshalb die Ausführungen hierüber im Kapitel „Gewerberecht“ volle Geltung haben. Dazu kommt für West-Berlin das Gesetz über die Gewerbefreiheit vom 21. 10. 1949.

Zum Betrieb eines Gewerbes im Gebiet von West-Berlin ist jedermann zuzulassen, der die im Gesetz vorgeschriebenen Voraussetzungen erfüllt.

Diese Voraussetzungen sind: erforderliche Sachkunde und Zuverlässigkeit.

Die erforderliche Sachkunde ist als gegeben anzusehen, wenn für den Betriebsinhaber oder einen leitenden Angestellten eine dreijährige Tätigkeit in dem geplanten oder einem verwandten Gewerbezweig nachgewiesen wird. Der Nachweis kann durch eine Prüfung ersetzt werden. Diese Anordnung gilt, wenn nicht besondere Bestimmungen anderer Art ihr entgegenstehen.

Die persönliche Zuverlässigkeit ist als gegeben anzusehen, wenn nicht Straftaten der betreffenden Person vorliegen, die eine ordnungsgemäße Ausübung des Gewerbes nicht erwarten lassen.

Der Gewerbe-Ausweis wird auf Antrag von dem für den Sitz des Gewerbebetriebes zuständigen Bezirksamt, Abteilung Wirtschaft, ausgestellt.

Wird die Zulassung versagt, widerrufen oder zurückgenommen, dann ist Beschwerde binnen 2 Wochen an den Magistrat, Abteilung Wirtschaft, möglich. Die Begründung der Beschwerde kann sofort mit der Einlegung spätestens aber innerhalb 2 Wochen nach derselben eingereicht werden. Gegen die Entscheidung des Magistrats ist binnen 2 Wochen Klage beim zuständigen Gericht möglich.

Arbeitsrecht

Die im Hauptkapitel gemachten Ausführungen gelten mit folgenden Abweichungen:

1. Das Arbeitsbuch ist ganz weggefallen.
2. Der Urlaub richtet sich nach den bestehenden Tarifverträgen.
3. Arbeitsbehörden

   Facharbeitsnachweise sind zuständig für Arbeitseinsatz, Arbeitsvermittlung und Arbeitslenkung.

   Amt für Arbeitsschutz ist zuständig für Einhaltung der gesetzlichen Bestimmungen über Arbeitsschutz und Unfallverhütung in den Betrieben.

   Der Senator für Arbeit ist zuständig für Beschwerden und grundsätzliche Regelungen.

4. Kündigungsschutz

Durch das Kündigungsschutzgesetz v. 20. 5. 1950 ist der Kündigungsschutz für Arbeitnehmer geregelt.

Darnach ist die Kündigung gegenüber einem Arbeitnehmer rechtsunwirksam, wenn er ohne Unterbrechung länger als 3 Monate im gleichen Betrieb oder Unternehmen beschäftigt ist, die Kündigung als sozial ungerechtfertigt angesehen wird und der Betrieb mehr als drei Arbeitnehmer hat.

Das gleiche gilt auch für eine Kündigung, die während der Dauer einer durch Arbeitsunfall oder während der ersten 6 Monate einer durch Krankheit hervorgerufenen Arbeitsunfähigkeit ausgesprochen wird.

Hält der Arbeitnehmer eine Kündigung für sozial ungerechtfertigt, so kann er binnen fünf Werktagen Einspruch bei der Betriebsvertretung einlegen. Diese hat zu versuchen, eine Verständigung mit dem Arbeitgeber herbeizuführen.

Unbeschadet dieser Bestimmung kann der Arbeitgeber, wenn er die Kündigung für sozial ungerechtfertigt hält, innerhalb 3 Wochen nach Zugang der Kündigung Klage beim Arbeitsgericht erheben zur Feststellung, daß die ihm zugegangene Kündigung sozial ungerechtfertigt sei.

Das Gericht kann dann gegebenenfalls die Kündigung für rechtsunwirksam erklären und anordnen, daß das Arbeitsverhältnis fortbesteht.

Bei Geltendmachung dringender betrieblicher Gründe kann das Arbeitsgericht auf Antrag des Arbeitgebers oder wenn dem Arbeitnehmer die Fortsetzung des Arbeitsverhältnisses nicht zugemutet werden kann, auf Antrag des Arbeitnehmers das Arbeitsverhältnis auflösen und den Arbeitgeber zur Zahlung einer Entschädigung bis zur Höhe von 12 Monatsverdiensten verurteilen.

Für Betriebsratsmitglieder ist die Kündigung unzulässig.

Für anerkannte politisch, rassisch und religiös Verfolgte ist die Kündigung nur mit Zustimmung des Magistrats, Abt. Arbeit, zulässig.

Bei beabsichtigten Massenentlassungen sind Schutzfristen von 1—2 Monaten eingelegt und evtl. Kurzarbeit zugelassen, um unbillige Härten zu vermeiden.

Auf Saison- und Kampagne-Betriebe finden die Bestimmungen über den Kündigungsschutz keine Anwendung.

Besonders bemerkenswert ist außerdem die im Gesetz enthaltene Anzeigepflicht. Darnach hat der Arbeitgeber die Einstellung und Entlassung von Arbeitern, Angestellten, Lehrlingen, Praktikanten und Volontären dem zuständigen Arbeitsamt anzuzeigen.

Die früheren Anordnungen zur Durchführung des Arbeitsplatzwechsels v. 24. 11. 48, die auf Grund des Kontrollratsgesetzes III erlassen worden sind, sind ab 24. 5. 1950 aufgehoben.

5. Jugendschutz

Die Grundlage für den Jugendschutz bildet das im Hauptteil behandelte Jugendschutzgesetz.

Der Magistrat hat jedoch durch ein besonderes Gesetz über Kinderarbeit und Arbeitszeit der Jugendlichen v. 25. 11. 1949 folgende Änderungen zu diesem Gesetz beschlossen:

1. Arbeitsaufsichtsbehörde ist der Magistrat, Abt. Arbeit, und der Ausschuß für Jugendarbeitsschutz.
2. Die Arbeitskarte für Kinder wird von der Arbeitsaufsichtsbehörde (Amt für Arbeitsschutz) ausgestellt.

3. Die Arbeitszeit für Jugendliche beträgt werktäglich 7½ Stunden, wöchentlich 45 Stunden.
4. Berufsschultage mit mindestens 6 Stunden Unterricht gelten als volle Arbeitstage.
5. Arbeitszeitverlängerung darf nur mit Genehmigung des Amtes für Arbeitsschutz und nicht über 8½ Stunden täglich bzw. 48 Stunden wöchentlich durchgeführt werden.
6. Die Ruhezeit muß mindestens 14 Stunden betragen.
7. Die Beschäftigung Jugendlicher, die in einem Ausbildungsverhältnis stehen oder das 16. Lebensjahr noch nicht vollendet haben, mit Akkordarbeit ist verboten.
8. Der Urlaub für Jugendliche unter 16 Jahren beträgt 21 Tage, für Jugendliche über 16 Jahre 18 Tage.
   Jugendliche, die nachweisen, daß sie als Helfer in Jugendlagern, bei Jugendfahrten oder Lehrgängen der anerkannten Jugendverbände, der Gewerkschaften oder der Jugendpflege tätig sein werden, erhalten für diesen Zweck einen zusätzlichen unbezahlten Urlaub bis zu 4 Wochen im laufenden Jahr.
9. Soweit die Arbeitsbedingungen Jugendlicher nicht durch Tarifvertrag geregelt sind, dürfen Jugendliche bei gleicher Arbeit und Leistung gegenüber Erwachsenen, besonders in bezug auf ihre Entlohnung nicht benachteiligt werden.
   Sonderregelungen für Jugendliche in der Berufsausbildung bleiben hiervon unberührt.
10. Beschwerden sind an den Spruchausschuß für Jugendarbeitsschutz beim Magistrat, Abteilung Arbeit, zu richten.

Sozialversicherung

Grundlage: Gesetz zur Anpassung des Rechts der Sozialversicherung in Berlin an das in der Bundesrepublik Deutschland geltende Recht vom 3. XII. 1950.

Die Regelung der Sozialversicherung in Berlin (West) ist durch das oben erwähnte Gesetz vom 3. XII. 1950 neu erfolgt. Hierbei sind die grundlegenden Bestimmungen der Reichsversicherungsordnung maßgeblich berücksichtigt worden. Trotzdem weicht das Sozialversicherungsrecht in Berlin (West) von dem in der Bundesrepublik Deutschland geltenden Sozialversicherungsrecht ab. Deshalb erfolgt nachstehend ein Überblick über die Grundlagen der ab 1. Januar 1951 geltenden Sozialversicherung in Berlin (West).

I. Umfang und Träger der Sozialversicherung

Die Sozialversicherung umfaßt

die Krankenversicherung,
die Unfallversicherung,
die Rentenversicherung.

Träger der SV ist die Versicherungsanstalt Berlin als eine Körperschaft des öffentlichen Rechts.

Organe der SV sind die Vertreterversammlung und
der Vorstand.

Die Vertreterversammlung:

Sie besteht aus 60 Mitgliedern, von denen 2/3 durch die Versicherten und 1/3 durch die Arbeitgeber auf die Dauer von 4 Jahren gewählt werden. Einzelheiten über die Wahl bestimmt die Wahlordnung.

Aufgaben der Vertreterversammlung:

a) Festsetzung des Voranschlags,
b) Abnahme der Jahresrechnung,
c) Wahl des Vorstandes,
d) Vertretung der Versicherungsanstalt gegenüber dem Vorstand,
e) Aufstellung und Änderung der Satzung,
f) Bildung von Ausschüssen für bestimmte Aufgaben.

Die Vertreterversammlung bildet bezirkliche Ausschüsse. In diese werden erfahrene Personen und Beauftragte der Betriebsräte berufen.

Der Vorstand:

Er besteht aus 15 ehrenamtlichen Mitgliedern, von denen 2/3 zu den Versicherten und 1/3 zu den Arbeitgebern gehören.

Die Vorstandsmitglieder werden aus den Mitgliedern der Vertreterversammlung getrennt von Arbeitgebern und Versicherten der Vertreterversammlung auf die Dauer von 4 Jahren gewählt.

Der Vorstand vertritt die Versicherungsanstalt gerichtlich und außergerichtlich und hat die Stellung eines gesetzlichen Vertreters. Er bestellt auch die Geschäftsführer.

Die Aufsicht über die Versicherungsanstalt wird vom Magistrat ausgeübt.
Die Mittel der Versicherungsanstalt dürfen nur für die gesetzlich und satzungsgemäß vorgeschriebenen Zwecke verwendet werden.
Die Satzung regelt die Rechte und Pflichten der Versicherten und Arbeitgeber.

II. Kreis der Versicherten

1. Kranken- und Rentenversicherung:

für den Fall der Krankheit,
der Erwerbsunfähigkeit,
des Alters sowie zugunsten der Hinterbliebenen

sind versichert

a) unselbständig Beschäftigte, die gegen Entgelt beschäftigt werden mit Ausnahme der Ehegatten, die bei dem anderen Ehegatten beschäftigt werden,
b) Hausgewerbetreibende und Zwischenmeister,
c) selbständige Artisten,

d) selbständige Lehrer, Erzieher und Musiker, die keine Arbeitnehmer beschäftigen,
e) Personen, die in der Kranken- und Kinderpflege selbständig tätig sind, sofern sie keine Arbeitnehmer beschäftigen.

Voraussetzung ist, daß die angegebenen Personen in Berlin (West) tätig sind. Als besondere Neuerung ist wichtig, daß alle in Berlin (West) tätigen selbständigen Handwerker für den Fall der Erwerbsunfähigkeit und des Alters sowie zugunsten der Hinterbliebenen versichert sind, und zwar in sinngemäßer Anwendung des Gesetzes über die Altersversorgung für das deutsche Handwerk vom 21. 12. 1938 (vgl. Seite 53ff. dieses Buches). Der Unterschied zu den dort gemachten Ausführungeh besteht nur darin, daß an die Stelle der Angestelltenversicherung die Rentenversicherung im Rahmen der Sozialversicherung Berlin (West) tritt und daß die dort erwähnte Versicherungsfreiheit und Halbversicherung mit dem Inkrafttreten dieses Gesetzes beginnen, wenn der Lebensversicherungsvertrag vor dem 1. April 1951 abgeschlossen und der Antrag vor dem 1. Juli 1951 gestellt wird.

Versicherungsfrei sind u. a.:
a) vorübergehende Dienstleistungen nach näherer Bestimmung der Satzung,
b) Empfänger von Renten aus der Rentenversicherung. Sind solche in einem Beschäftigungsverhältnis, muß der Arbeitgeberanteil gezahlt werden, ohne daß daraus Ansprüche auf Geldleistungen hergeleitet werden können.

Die Weiterversicherung

Scheidet ein Versicherter aus der versicherungspflichtigen Tätigkeit aus, so kann er sich sowohl für den Fall der Krankheit als auch für den Fall der Erwerbsunfähigkeit und des Alters sowie zugunsten der Hinterbliebenen freiwillig weiterversichern. Ebenso können sich zur Rentenversicherung diejenigen weiter versichern, die auf Grund des Gesetzes nicht mehr versicherungspflichtig sind (z. B. Selbständige, die bisher nicht mehr als 5 Angestellte beschäftigten).

Stirbt ein Versicherter, so kann sich der überlebende Ehegatte für den Fall der Krankheit weiterversichern.

Bei Arbeitslosen steht die Beendigung des Bezuges von Arbeitslosenunterstützung und Arbeitslosenfürsorge dem Ausscheiden aus der versicherungspflichtigen Tätigkeit gleich.

Die freiwillige Versicherung

Wer in Berlin (West) wohnt und nicht der Versicherungspflicht unterliegt, kann sich nach näherer Bestimmung der Satzung freiwillig versichern, und zwar
a) für den Fall der Krankheit,
b) für den Fall der Erwerbsunfähigkeit und des Alters sowie zugunsten der Hinterbliebenen, sofern er das 50. Lebensjahr noch nicht vollendet hat.

Der Beitritt bedarf der Zustimmung der Versicherungsanstalt.

Bei freiwilliger Versicherung für den Fall der Krankheit ist ein ärztliches Zeugnis über den Gesundheitszustand des Antragstellers und seiner anspruchsberechtigten Familienangehörigen beizubringen.

Zusatzversicherung

Die Satzung kann eine Zusatzversicherung für Kranken-, Familien-, Taschengeld, Renten sowie für Sterbegeld einführen.

2. Unfallversicherung:

Gegen Arbeitsunfälle sind diejenigen Personen versichert, die nach der Reichsversicherungsordnung den Schutz der Unfallversicherung genießen. Bei der Darstellung der einzelnen Versicherungen wird hierüber weiteres zu sagen sein.

III. Aufbringung der Mittel

Über die Aufbringung der Mittel wird ebenfalls bei der Besprechung der einzelnen Versicherungen das Nötige gesagt.

IV. Die Krankenversicherung

Leistungen:

Die Versicherungsanstalt gewährt bei Krankheit, Schwangerschaft, Niederkunft und Tod

a) für die Versicherten
   1. Heilbehandlung,
   2. Kranken-, Familien-, Taschengeld und besondere Unterstützung,
   3. Berufsfürsorge für Arbeitsbehinderte,
   4. Schwangeren- und Wochenhilfe,
   5. Sterbegeld,

b) für die Familienangehörigen der Versicherten (Familienhilfe)
   1. Heilbehandlung und Berufsfürsorge,
   2. Schwangeren- und Wochenhilfe,
   3. Sterbegeld.

Im einzelnen werden gewährt:

Heilbehandlung: vom Beginn der Krankheit auf unbegrenzte Dauer Behandlung durch Ärzte, Zahnärzte und Dentisten, Versorgung mit Arznei, Heil- und Hilfsmitteln, Versorgung mit Zahnersatz,

Krankenhauspflege,

Heilstättenbehandlung und Badekuren,

Kranken- und Hauspflege.

Geldleistungen: Diese richten sich nach dem sogenannten Grundbetrag, dem das Entgelt des Versicherten zugrunde gelegt wird. Der Grundbetrag ist aus einer von der Versicherungsanstalt herausgegebenen Tabelle ersichtlich. Im einzelnen werden gewährt: Krankengeld in Höhe von 50% des Grundbetrags, hierbei wird Arbeitsentgelt bis zu DM 20,— pro Kalendertag berücksichtigt. Hausgeld und Taschengeld: bei Krankenhausbehandlung wird beim Vorhandensein eines Familienangehörigen Hausgeld in Höhe von $^1/_3$ des Grundlohnes gewährt, für jeden weiteren Angehörigen wird es durch Zuschläge erhöht. Ist kein Hausgeld zu zahlen, erhält der Versicherte ein Taschengeld.

Berufsfürsorge: Zur Erhaltung und Förderung der Erwerbsfähigkeit der Versicherten kann gegebenenfalls Berufsfürsorge gewährt werden. Diese umfaßt

Feststellung des Grades der Körperbeschädigung,

Berufsberatung und berufliche Ausbildung zur Wiedergewinnung oder Erhöhung der Erwerbsfähigkeit im bisherigen Beruf, Ausbildung für einen anderen Beruf,

Hilfe zur Erlangung einer geeigneten Arbeitsstelle.

Wochenhilfe: Sie besteht aus
Schwangerengeld,
Hebammenhilfe,
Arznei, Heilmittel und ärztlicher Behandlung,
Wochengeld,
Entbindungskostenbeitrag,
Stillgeld.

Sterbegeld: Als Sterbegeld wird beim Tode des Versicherten das Zwanzigfache des Grundbetrages, mindestens jedoch der Betrag in Höhe von DM 50,— gezahlt.

Familienhilfe: Die Familienhilfe umfaßt Heilbehandlung, Wochenhilfe und Sterbegeld.

1. Heilbehandlung, Versorgung mit Hilfsmitteln, Gesundheits- und Berufsfürsorge.
   Personenkreis:
   unterhaltsberechtigte Ehegatten,
   unterhaltsberechtigte Kinder bis zum vollendeten 18. Lebensjahr,
   Eltern, die mit dem Versicherten in häuslicher Gemeinschaft leben und von ihm ganz oder vorwiegend erhalten werden.
2. Wochenhilfe:
   Personenkreis: Ehefrau des Versicherten sowie Töchter, Stief- und Pflegetöchter, die mit ihm in häuslicher Gemeinschaft leben.
3. Sterbegeld: Beim Tode der Familienangehörigen wird Sterbegeld gewährt. Es beträgt die Hälfte des beim Tode des Versicherten zu zahlenden Sterbegeldes.

V. Die Unfallversicherung

Umfang und Gegenstand der Unfallversicherung richten sich nach den Vorschriften des 3. Buches der Reichsversicherungsordnung in der Fassung des 6. Gesetzes über Änderungen in der Unfallversicherung vom 9. 3. 1942 (RGBl. I, S. 107) in Verbindung mit dem Gesetz des Wirtschaftsrates vom 10. 8. 1949 (WiGBl. S. 251).

Zweck der Unfallversicherung: Schutz gegen die durch Betriebsunfälle und Berufskrankheiten hervorgerufenen Körperschäden und Todesfälle.

Aufgabengebiet umfaßt außerdem Unfallverhütung, Heilfürsorge und Berufsfürsorge.

Versicherungspflichtig sind alle Betriebe, die Gesellen und Lehrlinge beschäftigen.

Kreis der Versicherten: In den unfallversicherungspflichtigen Betrieben sind alle Arbeiter, Gehilfen, Gesellen, Lehrlinge und Angestellten unfallversichert. Unternehmer und ihre im Betrieb tätigen Ehegatten können sich freiwillig versichern, sofern sie nicht durch die Satzung bereits unfallversichert sind.

Beitragsleistung: Der Beitrag zur Unfallversicherung wird gesondert erhoben und ist von den beteiligten Arbeitgebern nach näherer Bestimmung der Satzung aufzubringen.

Betriebsunfälle: Nach den gesetzlichen Bestimmungen zählen zu den Betriebsunfällen Unfälle im Rahmen der Betriebsarbeit, auf dem Wege von und nach der Arbeitsstätte sowie Unfälle, die durch Verwahrung, Beförderung, Instandhaltung und Erneuerung des Arbeitsgeräts eintreten.

Sobald ein Betriebsunfall erfolgt, bei dem ein Betriebsangehöriger getötet oder voraussichtlich mehr als 3 Tage arbeitsunfähig wird, ist vom Unternehmer Unfallanzeige zu erstatten. Diese ist in doppelter Ausfertigung binnen 3 Tagen, bei tödlichen Unfällen sofort bei der durch die Satzung bestimmten Stelle und dem Amt für Arbeitsschutz einzureichen. Tödliche Unfälle sind sofort auch der Polizeibehörde zu melden.

Berufskrankheiten: Unter Berufskrankheiten versteht man Krankheiten, die durch Ausübung des Berufs verursacht werden, z. B. Blei-, Phosphor-, Quecksilber-, Arsen-, Kohlenoxyderkrankungen, Staublungenerkrankungen usw.

Leistungen: Sie werden nur für Unfälle gewährt, die in Unternehmen oder bei Tätigkeiten in Berlin (West) eingetreten sind. Der Magistrat bestimmt, ob und inwieweit Renten der Unfallversicherung an Berechtigte zu zahlen sind, die im Währungsgebiet der Deutschen Notenbank wohnen.

Die Leistungen erstrecken sich auf

1. Krankenbehandlung,
2. Berufsfürsorge,
3. Verletztenrente,
4. Sterbegeld,
5. Hinterbliebenenrente.

Die Krankenbehandlung umfaßt
ärztliche Behandlung,
Versorgung mit Heilmitteln, Körperersatzstücken
und anderen Hilfsmitteln,
evtl. Pflegekosten.

Die Berufsfürsorge: Wenn die Verletzung es nötig macht, übernimmt die Versicherung die Kosten für die Umschulung des Versicherten in einen anderen Beruf, sowie für seine Berufsausbildung. Sie leistet auch Hilfe bei Erlangung einer Arbeitsstelle.

Die Verletztenrente: Die Höhe der Rente richtet sich nach dem Grad der Erwerbsunfähigkeit und dem letzten Jahresarbeitsverdienst (Jahresarbeitsverdienst = 300 Tagesverdienste, höchstens DM 7200,—).

Bei voller Erwerbsunfähigkeit werden $^2/_3$ des Jahresarbeitsverdienstes gezahlt. Man spricht dann von einer Vollrente.

Bei teilweiser Erwerbsunfähigkeit gibt es eine entsprechende Teilrente, die von der Vollrente aus berechnet wird.

Zu der Rente können Zuschläge treten, sofern die Erwerbsunfähigkeit 50% und mehr beträgt.

Das Sterbegeld: Die Höhe des Sterbegeldes bestimmt die Satzung, die ebenfalls den Mindestbetrag festzusetzen hat.

Die Hinterbliebenenrente: Sie erstreckt sich auf die Witwe und die Kinder des Verstorbenen. Die Höhe bestimmt die Satzung.

Vorschriften zwecks Verhütung von Unfällen:

Die zwecks Unfallverhütung erlassenen Vorschriften müssen vom Unternehmer im Betrieb ausgehängt werden. Außerdem haftet der Unternehmer für die Durchführung der Bestimmungen über die Sicherung der Betriebsanlagen. Durch die Versicherung ist der Unternehmer gegen Schäden aus Unfällen seiner Angestellten im Betrieb gedeckt. Gegenüber betriebsfremden Personen jedoch haftet der Unternehmer, wenn er durch Fahrlässigkeit den Unfall verursacht hat. Deshalb ist der zusätzliche Abschluß einer Haftpflichtversicherung zu empfehlen.

Die Meldepflicht des Unternehmers: Um die Höhe des Beitrags festsetzen zu können, muß an die durch Satzung bestimmte Stelle von ihm eine Meldung eingereicht werden, die die Zahl der Beschäftigten, einen Lohnnachweis und die Angabe der Gefahrenklasse enthalten muß.

VI. Die Rentenversicherung

Für den Gegenstand der Rentenversicherung sind die Reichsversicherungsgesetze in der im Gebiet der Bundesrepublik Deutschland geltenden Fassung maßgebend, sofern nicht etwas anderes bestimmt ist.

Die Rentenversicherung hat den Zweck, bei längerer oder dauernder 50 bis 100%iger Erwerbsunfähigkeit Hilfe zu gewähren und nach dem Tode des Versicherten die Hinterbliebenen zu unterstützen. Außerdem gewährt sie dem Versicherten eine Altersrente und gegebenenfalls ein Heilverfahren.

Die Versicherungsanstalt gewährt Versicherten- und Hinterbliebenenrenten an Berechtigte, die in Berlin (West) wohnen. Dies gilt nicht, soweit ein Versicherter im Währungsgebiet der Deutschen Notenbank leistungspflichtig ist.

Leistungsvoraussetzungen:

Versichertenrente erhält, wenn die Wartezeit erfüllt und die Anwartschaft erhalten ist, wer

1. erwerbsunfähig ist,
2. das 65. Lebensjahr vollendet hat,

3. als Frau das 60. Lebensjahr vollendet hat und nicht mehr erwerbstätig ist; als erwerbstätig gilt, wer durch Arbeit mehr als die Hälfte dessen erwirbt, was gesunde Personen derselben Art mit ähnlicher Ausbildung durch Arbeit zu verdienen pflegen.

Witwenrente erhält eine Witwe,

1. die erwerbsunfähig ist,
2. die das 60. Lebensjahr vollendet hat,
3. solange sie mindestens 2 waisenrentenberechtigte Kinder oder ein waisenrentenberechtigtes Kind unter 6 Jahren erzieht,

wenn für den Verstorbenen zur Zeit seines Todes die Wartezeit erfüllt und die Anwartschaft erhalten ist. Mindestrente DM 40,— monatlich.

Waisenrente wird gezahlt für Kinder des Verstorbenen bis zu 18 Jahren. Mindestrente DM 30,— monatlich.

Witwerrente kommt in Betracht für den erwerbsunfähigen Ehemann nach dem Tode einer versicherten Ehefrau, die den Lebensunterhalt ganz oder vorwiegend bestritten hatte.

Berechnung der Renten:

Die Rente besteht aus Grundbetrag, Steigerungsbetrag und Kinderzuschuß.

Der Grundbetrag ist für alle Versicherten auf DM 440,— festgesetzt. Der Steigerungsbetrag beträgt im allgemeinen 0,7 % des Arbeitsverdienstes oder Einkommens, nach dem die Beiträge geleistet sind. Als Höchstbetrag des Einkommens gilt ein Entgelt von DM 7200,— jährlich, DM 600,— monatlich. Die Kinderzuschüsse richten sich nach den Bestimmungen der Reichsversicherungsordnung.

Die Höhe der Renten ist aus einer Tabelle der Versicherungsanstalt zu ersehen. Die Witwen- und die Witwerrente beträgt $^{5}/_{10}$, die Waisenrente $^{4}/_{10}$ der Versichertenrente ohne Zuschuß.

Zuschläge:

Zu den nach Grund- und Steigerungsbetrag berechneten Renten werden vom Inkrafttreten des Gesetzes an Zuschläge gewährt. Diese betragen

für Versichertenrenten DM 15,— monatlich,
für Witwen- und Witwerrenten DM 12,— monatlich,
für Waisenrenten DM 6,— monatlich.

Zu den Kinderzuschüssen wird bis auf weiteres ein Zuschlag von DM 5,— monatlich für jedes zuschlagsberechtigte Kind gewährt.

Witwenabfindung:

Die rentenberechtigte Witwe wird im Falle ihrer Wiederverheiratung mit dem Dreifachen ihrer Jahresrente abgefunden.

Wartezeit:

Die Wartezeit ist erfüllt, wenn mindestens 60 Beitragsmonate, bei der Rente wegen Erreichung der Altersgrenze, wenn mindestens 180 Beitragsmonate zurückgelegt sind.

Anwartschaft:

Für die Erhaltung der Anwartschaft müssen vom 1. Januar 1947 an für jedes Kalenderjahr mindestens 6 Monatsbeiträge entrichtet werden.

VII. Die Beitragsleistung

1. Versicherungspflichtige Beschäftigte 20% des Entgelts, höchstens DM 120,— monatlich.
   Hiervon haben die Beschäftigten und ihre Arbeitgeber je die Hälfte der Beiträge aufzubringen.
2. Ohne Entgelt (nur Erziehungsbeihilfe, Taschengeld) beschäftigte Lehrlinge Monatsbeitrag DM 6,—. Diese Beiträge hat der Arbeitgeber allein zu tragen.
3. Unständig Beschäftigte Monatsbeitrag DM 18,—, hiervon trägt an Stelle des Arbeitgebers die Hälfte die Stadt Berlin (West).
4. Versicherungspflichtige Hausgewerbetreibende und Zwischenmeister 20% des Entgelts, höchstens DM 120,— monatlich. Hiervon haben die Versicherten und ihre Arbeitgeber je die Hälfte zu tragen.

Die Beiträge zur Kranken- und Rentenversicherung werden einheitlich erhoben, sie sind monatlich zu entrichten. Die oben angeführten Beitragssätze gelten sowohl für Kranken- als auch für Rentenversicherung.

Der Beitrag zur Unfallversicherung wird gesondert erhoben.

Die Beiträge für die freiwillige und die Weiterversicherung sowie für die Zusatzversicherung werden von den Versicherten allein getragen. Ihre Höhe bestimmt die Satzung.

Die Entrichtung der Beiträge richtet sich nach der Satzung. Zur Zeit gilt folgendes:

Die Beiträge sind für jeden Kalendermonat mit dessen Ablauf fällig. Sie sind schon mit Beendigung der Beschäftigung fällig, wenn diese vor Ablauf des Monats endet.

a) Die Versicherungskarten

Jeder Versicherte hat für sich eine Versicherungskarte bei der Versicherungsanstalt zu beantragen. Sie gilt jeweils für ein Kalenderjahr. Mit Ablauf ist sie an die Versicherungsanstalt zurückzugeben, die darüber eine Bescheinigung ausstellt. Die versicherungspflichtigen Beschäftigten haben ihre Versicherungskarte dem Arbeitgeber vorzulegen.

b) Die Erhebung der Beiträge

Die Beiträge für Versicherungspflichtige sind entweder in bar zu entrichten oder zu überweisen.

Für Versicherungsberechtigte (Weiterversicherung, freiwillige Versicherung) werden besondere Marken ausgegeben. Diese sind bei der Versicherungsanstalt zu erwerben. Dies gilt auch für Handwerker, die der Rentenversicherungspflicht unterliegen.

Für versicherungspflichtig Beschäftigte hat der Arbeitgeber die für sie anteiligen Beiträge vom Entgelt abzuziehen und zu entrichten. Das gleiche gilt für Hausgewerbetreibende und Zwischenmeister. Wenn diese auf eigene Rechnung arbeiten, haben sie die Beiträge selbst abzuführen.

Unständig Beschäftigte haben ihren Anteil selbst zu entrichten.

Die Versicherungsanstalt überwacht die Entrichtung der Beiträge. Sie kann für Rückstände einen Säumniszuschlag in Höhe von 2 % erheben.

Meldung an die Versicherungsanstalt

Beginn und Ende der Versicherungspflicht sowie Änderungen des Verdienstes sind innerhalb 3 Tagen zu melden.

VIII. Handwerkerversorgung

Das Gesetz über die Altersversorgung für das Deutsche Handwerk vom 21. 12. 1938 wird angewendet.

Darnach sind alle in die Handwerksrolle eingetragenen Handwerker ohne Rücksicht auf die Höhe ihres Einkommens versicherungspflichtig. Im einzelnen gilt folgendes:

Es bleibt dem Einzelnen freigestellt, sich entweder durch eine Lebensversicherung in Höhe von mindestens DM 5000,— von der Versicherungspflicht zu befreien oder sich der Rentenversicherung anzuschließen. In letzterem Falle ist er für diese beitragspflichtig, und zwar mit 10 % seines Einkommens (höchstens DM 7200,— jährlich). Das Nähere bestimmt die Satzung. Außerdem ist noch ein Mittelweg möglich, nämlich eine sogenannte Halbversicherung abzuschließen. In diesem Falle muß die Lebensversicherung mindestens DM 2500,— betragen und die Rentenversicherung zur Hälfte herangezogen werden. Ehe sich der Handwerker für eine der drei Möglichkeiten entschließt, empfiehlt es sich, mit der handwerklichen Organisation den zweckmäßigen Weg zu erörtern.

Wegen der Versicherung von handwerklichen Nebenbetrieben und von der Witwe eines selbständigen Handwerkers gelten die Bestimmungen S. 53 dieses Buches, die am besten mit der handwerklichen Organisation zu besprechen sind.

Die Versicherungsfreiheit und die Halbversicherung beginnen mit dem Inkrafttreten dieses Gesetzes (1. 1. 1951), wenn der Lebensversicherungsvertrag vor dem 1. April 1951 abgeschlossen und der Antrag vor dem 1. 7. 1951 gestellt wird.

Handwerker, die bei dem Inkrafttreten dieses Gesetzes nicht versicherungspflichtig waren, können für die Zeit, in der sie in ihrem Gewerbe mehr als 5 Versicherungspflichtige beschäftigt haben, frühestens aber für die Zeit seit dem 1. Juli 1945 Beiträge in Höhe von 10 % ihres Einkommens (Höchstbetrag DM 7200,— jährlich) nachentrichten. Diese Beiträge gelten als Beiträge der Pflichtversicherung.

IX. Beschwerden

Der Verpflichtete oder Berechtigte kann gegen Bescheide, Verfügungen und Anordnungen der Versicherungsanstalt innerhalb eines Monats Beschwerde beim Beschwerdeausschuß der Sozialversicherung einlegen. Gegen die Entscheidung des Beschwerdeausschusses ist in bestimmten Fällen die weitere Beschwerde an das Sozialversicherungsamt möglich.

X. Strafen

Bei Verstößen gegen die geltenden Vorschriften der Sozialversicherung können Ordnungs-, Zwangs- und Nebenstrafen festgesetzt werden.

Rechtskunde

Die Darlegungen des Hauptkapitels gelten uneingeschränkt mit Ausnahme des Aufbaus der ordentlichen Gerichte.

In West-Berlin tritt an die Stelle des Oberlandesgerichts das Kammergericht. Eine noch höhere Instanz gibt es zur Zeit nicht.

Steuerwesen

Die Darlegungen im Hauptteil gelten sinngemäß mit folgenden Abweichungen:

A. Behörden:

1. Finanzamt
   ist die Steuerbehörde, mit der es der Steuerpflichtige direkt zu tun hat (Steuerämter gibt es nicht).
2. Landesfinanzamt
   ist die Aufsichtsbehörde über die Finanzämter.
3. Der Senator der Finanzen
   ist oberste Aufsichtsbehörde.

B. Rechtsmittelweg:

Wenn der Steuerpflichtige mit seinem Steuerbescheid nicht einverstanden ist, kann er Beschwerde beim Finanzamt einlegen.

Wird diese zurückgewiesen, dann ist Klage beim zuständigen Verwaltungsgericht möglich.

C. Die Steuern im einzelnen:

1. Die Einkommensteuer

Besteuert wird das Einkommen. Dieses setzt sich aus folgenden Einkünften zusammen:

Einkünften aus Land- und Forstwirtschaft,
„ „ Gewerbebetrieb,
„ „ selbständiger Arbeit,
„ „ Kapitalvermögen (Zinsen),
„ „ Vermietung und Verpachtung,
„ „ sonstigen Einkünften (z. B. Leibrenten, Zuschüssen, Spekulationsgewinnen).

Bei Gewerbetreibenden ist die wichtigste Art der Einkünfte der Gewinn, wie er durch die Buchführung ermittelt worden ist. Wichtig ist hierbei die Beachtung der für den Steuerpflichtigen durch das Gesetz gegebenen Steuervergünstigungen. Zu ihnen gehören

Einkünfte, die im Gesetz als steuerfreie Einkünfte bezeichnet werden,
Abschreibungen für Abnutzung oder Substanzverringerung,
Bewertungsfreiheit für Ersatzbeschaffung beweglicher Wirtschaftsgüter,
Steuerbegünstigung des nicht entnommenen Gewinns,
Freibeträge für besondere Fälle,
Werbungskosten,
Sonderausgaben.

Steuerfreie Einkünfte:

Zu ihnen gehören u. a. Leistungen aus Versicherungen, Arbeitslosenunterstützung, Arbeitslosenfürsorge und gesetzliche Kurzarbeiterunterstützung, Bezüge im Rahmen der Soforthilfe, Stipendien, Heiratsbeihilfen bis DM 500,—, Geburtsbeihilfen bis DM 300,—.

Abschreibungen für Abnutzung oder Substanzverringerung:

Hier handelt es sich um die Berechtigung, Abschreibungen infolge Wertminderung durch Abnutzung oder Substanzverringerung vornehmen zu können.

Bewertungsfreiheit für Ersatzbeschaffung beweglicher Wirtschaftsgüter:

Der Steuerpflichtige hat das Recht, für bewegliche Wirtschaftsgüter des Anlagevermögens, die im Wege der Ersatzbeschaffung angeschafft oder hergestellt worden sind, Abschreibungsfreiheit in folgender Weise in Anspruch zu nehmen:

a) im Jahr der Anschaffung oder Herstellung und im darauffolgenden Jahr können bis zu insgesamt 50% der Anschaffungs- oder Herstellungskosten abgeschrieben werden, und zwar neben der üblichen Abschreibung. Der Gesamtabschreibungsbetrag darf aber DM 100000,— nicht übersteigen.

b) Wenn von der Vergünstigung unter a) kein Gebrauch gemacht wird, weil der Abschreibungsbetrag DM 100000.— übersteigen würde, können für die in

Betracht kommenden Wirtschaftsgüter im Jahr der Anschaffung oder Herstellung und in dem darauffolgenden Jahr bis zu je 15% der Anschaffungs- oder Herstellungskosten abgeschrieben werden.

Diese Steuervergünstigung gilt aber nur für Wirtschaftsgüter, die in der Zeit vom 1. 4. 1949 bis 31. 12. 1952 angeschafft oder hergestellt worden sind.

Steuerbegünstigung des nicht entnommenen Gewinns:

Bei Einkommen aus Gewerbebetrieb können auf Antrag bis zu 50% der Summe des nicht entnommenen Gewinns höchstens aber 15% der Summe des Gesamtgewinns vom steuerpflichtigen Gewinn in Abzug gebracht werden.

Freibeträge für besondere Fälle:

Bei Flüchtlingen, Vertriebenen und politisch verfolgten Personen und bei Personen, die nach dem 1. Januar 1949 aus der Kriegsgefangenschaft zurückgekehrt sind (Spätheimkehrer), sowie bei Personen, die den Hausrat und die Kleidung infolge Kriegseinwirkung verloren haben (Totalschaden) und hierauf höchstens eine Entschädigung von 50% erhalten haben, wird auf Antrag ein Freibetrag in folgender Höhe vom Einkommen abgezogen:

DM 480,— für Personen der Steuerklasse I,
„ 600,— „ „ „ „ II,
„ 720,— „ „ „ „ III.

Der Betrag von DM 720,— erhöht sich für das 3. und jedes weitere Kind um je DM 60,—.

Werbungskosten:

Werbungskosten sind Aufwendungen zur Erwerbung, Sicherung und Erhaltung des Einkommens. Zu ihnen gehören:

1. Schuldzinsen, sofern sie mit einer Einkunftsart in wirtschaftlichem Zusammenhang stehen,
2. Steuern vom Grundbesitz, sofern die Gebäude der Einnahmeerzielung dienen,
3. Beiträge zu Berufsständen,
4. Aufwendungen für Fahrten zwischen Wohnung und Arbeitsstätte,
5. Aufwendungen für Arbeitsmittel,
6. Abschreibungen.

Sonderausgaben:

Sie sind im Gesetz genau festgelegt und umfassen

1. Schuldzinsen, die nicht als Werbungskosten oder Betriebsausgaben anzusehen sind,
2. folgende Aufwendungen zu steuerbegünstigten Zwecken
   a) Versicherungsbeiträge,
   b) Beiträge an Bausparkassen,

c) Aufwendungen für den ersten Erwerb von Anteilen an Bau- und Wohnungsgenossenschaften und Verbrauchergenossenschaften,

d) Ausgaben zur Förderung gemeinnütziger, mildtätiger, kirchlicher, religiöser und wissenschaftlicher Zwecke.

3. Verlust der letzten drei Jahre,
4. bezahlte Kirchensteuern,
5. bezahlte Vermögensteuern.

Sonderausgaben im Sinne des Punkt 2a, b und d sind nach oben begrenzt, und zwar bis zum Betrag von DM 800,—. Dieser Betrag erhöht sich um je DM 400,— für die Ehefrau und für jedes Kind, für das Steuerermäßigung gewährt wird. Bei steuerpflichtigen Personen, die älter als 50 Jahre sind, können die Aufwendungen das Doppelte betragen.

Die Errechnung der Einkommensteuer

Die Steuerpflichtigen werden in Steuerklassen eingeteilt:

Steuerklasse I umfaßt Personen, die weder zu Beginn des Veranlagungszeitraums noch mindestens 4 Monate in diesem verheiratet waren,

Steuerklasse II umfaßt

a) Personen, die zu Beginn des Veranlagungszeitraumes oder mehr als 4 Monate in diesem verheiratet waren,

b) unverheiratete Personen, die mindestens 4 Monate vor Ende des Veranlagungszeitraums das 60. Lebensjahr oder, wenn sie verwitwet sind, das 50. Lebensjahr vollendet haben,

Steuerklasse III umfaßt Personen, denen Kinderermäßigung zugestanden wird.

Zur Errechnung des Steuerbetrags sind dem Gesetz zwei Steuertabellen, und zwar die Tabellen A und B beigegeben.

Tabelle A.

1. Die Einkommensteuer beträgt in Steuerklasse I bei einem Einkommen

bis DM	750,—	0,—	DM						
„ „	1200,—	0,—	„	+ 10%	des DM	750,—	übersteigenden	Betrags,
„ „	2400,—	45,—	„	+ 15%	„ „	1200,—	„	„
„ „	3600,—	225,—	„	+ 20%	„ „	2400,—	„	„
„ „	4800,—	465,—	„	+ 25%	„ „	3600,—	„	„
„ „	6000,—	765,—	„	+ 30%	„ „	4800,—	„	„

usw.

2. Auf die Steuerklassen II und III werden die Steuersätze der Ziffer 1 mit folgender Maßgabe angewendet:

a) DM 600,— des Jahreseinkommens aller Steuerpflichtigen der Steuerklassen II und III bleiben steuerfrei.

b) Für jedes Kind, für das Kinderermäßigung gewährt wird, sind DM 600,— steuerfrei.

3. Bei Einkommen bis DM 5000,— ist die Einkommensteuer nach der Tabelle B zu ermitteln. Diese Tabelle staffelt das Einkommen unter Berücksichtigung der in Tabelle A angeführten Tarifsätze.

4. Die Lohnsteuer bemißt sich nach den Absätzen 1—3 unter Berücksichtigung eines Pauschalbetrags von jährlich DM 780,— (für Werbungskosten DM 312,— und für Sonderausgaben DM 468.—).

Veranlagungszeitraum für Einkommensteuer
ist das Kalenderjahr.

Vorauszahlungen für die Einkommensteuer
müssen geleistet werden am 10. März, 10. Juni, 10. September und 10. Dezember des laufenden Jahres.

2. Die Lohnsteuer

Besteuert wird der Bruttolohn.
Abzugsfähig sind:

1. Aufwendungen für den ersten Erwerb von Anteilen an Bau- und Wohnungsgenossenschaften und an Verbrauchergenossenschaften,
2. Ausgaben zur Förderung mildtätiger Zwecke,
3. Ausgaben für außergewöhnliche Belastungen, deren Höhe vom Finanzamt festgelegt wird,
4. Freibeträge für besondere Fälle (vgl. Einkommensteuer),
5. Werbungskosten,
6. Sonderausgaben.

Für Werbungskosten sind in der Steuertabelle jährlich DM 312,— als Pauschalbetrag und für Sonderausgaben DM 468,— als Pauschalbetrag berücksichtigt.

Sind die Werbungskosten und Sonderausgaben tatsächlich höher, so muß die Berücksichtigung der die Pauschalbeträge übersteigenden Beträge beim Finanzamt besonders begründet und beantragt werden. Das Gleiche gilt für die unter Punkt 1—4 gemachten Aufwendungen.

Steuersätze für Entlohnung für Mehrarbeit:

Bei Mehrarbeit wird der Lohn mit 5% versteuert. Zuschläge sind steuerfrei. Dies gilt aber nicht für Personen mit DM 7200,— und mehr Jahreseinkommen.

3. Die Umsatzsteuer

Gilt sinngemäß.

4. Die Vermögensteuer

Sie gilt sinngemäß, jedoch mit folgendem Unterschied:

a) Steuerfrei DM 10000,— für jeden Steuerpflichtigen. Weitere Steuerfreiheit gibt es nicht.

b) Steuersätze:

wenn das steuerpflichtige Gesamtvermögen DM 50000,— nicht übersteigt 1%,

wenn das steuerpflichtige Gesamtvermögen zwar DM 50000,—, aber DM 500000,— nicht übersteigt 1½%,

wenn das steuerpflichtige Gesamtvermögen DM 500000,— übersteigt 2½%.

Von dem Betrag, der für das Kalenderjahr 1950 an Vorauszahlungen zu zahlen war, sind

75%, wenn der Steuersatz bisher 1 % betrug,
50%, wenn der Steuersatz bisher 1,5% betrug,
40%, wenn der Steuersatz bisher 2 % betrug,
30%, wenn der Steuersatz bisher 2,5% betrug.

zugrunde zu legen und mit je einem Viertel zu den im § 16 des Vermögensteuergesetzes genannten Terminen zu entrichten.

5. Die Gewerbesteuer

Die Darlegungen des Hauptteils gelten sinngemäß.

Staatskunde

Die Verfassung von Berlin
vom 1. 9. 1950

Allgemeines

Nach der am 1. Oktober 1950 verkündeten Verfassung ist Berlin ein deutsches Land und zugleich eine Stadt.

Träger der öffentlichen Gewalt ist die Gesamtheit der deutschen Staatsangehörigen, die in Berlin ihren Wohnsitz haben.

Sie üben ihren Willen durch Wahl zu der Volksvertretung und durch Volksentscheid und mittelbar durch die Volksvertretung aus.

Die gesetzgebende Gewalt steht allein der Volksvertretung und durch Volksentscheid dem Volke zu.

Die vollziehende Gewalt liegt in den Händen der Regierung und der ihr nachgeordneten Verwaltung.

Die richterliche Gewalt wird durch unabhängige Gerichte ausgeübt.

Die Volksvertretung, Regierung und Verwaltung nehmen die Aufgaben Berlins als Land, Gemeindeverband und Gemeinde wahr.

Berlin umfaßt das Gebiet der bisherigen Gebietskörperschaft Groß-Berlin mit den Grenzen, die bei Inkrafttreten der Verfassung bestehen. Jede Änderung bedarf der Zustimmung der Volksvertretung.

Berlin ist in 20 Bezirke eingeteilt. Eine Änderung kann nur durch Gesetz vorgenommen werden.

Berlin führt Flagge und Siegel mit dem Bären, die Flagge mit den Farben weiß-rot.

Die Grundrechte

Alle Männer und Frauen sind vor dem Gesetz gleich. Die Frau ist auf allen Gebieten des staatlichen, wirtschaftlichen und sozialen Lebens dem Mann gleichgestellt.

Niemand wird wegen seines Geschlechts, seiner Abstammung, seiner Rasse, seiner Sprache, seiner Herkunft, seines Glaubens, seiner religiösen oder politischen Anschauungen benachteiligt oder bevorzugt.

Niemand darf an der Wahrnehmung staatsbürgerlicher Rechte oder öffentlicher Ehrenämter gehindert werden, insbesondere nicht durch sein Arbeitsverhältnis.

Es bestehen

1. Recht der freien Meinungsäußerung,
2. Freiheit der Person,
3. Wahrung des Postgeheimnisses,
4. Recht der Freizügigkeit hauptsächlich hinsichtlich der freien Wahl des Wohnsitzes, des Berufes und des Arbeitsplatzes mit der Einschränkung durch Verpflichtung bei Überwindung öffentlicher Notstände mitzuhelfen,
5. Recht auf Arbeit und Arbeitsschutz,
6. Zugang zu allen öffentlichen Ämtern für jeden, wenn er die nötige Eignung besitzt,
7. Schutz bei Notlage,
8. Schutz des Eigentums,
9. Verbot der Monopole,
10. Mitbestimmungsrecht der Arbeiter und Angestellten,
11. Versammlungsfreiheit und Streikrecht,
12. Unverletzlichkeit der Wohnung,
13. Religionsfreiheit,
14. Recht auf Kriegsdienstverweigerung,
15. Recht auf Sonntagsruhe. Der 1. Mai ist gesetzlicher Feiertag.

Diese Grundrechte sind verbindlich für Gesetzgebung, Verwaltung und Rechtsprechung.

Die Volksvertretung

Das Abgeordnetenhaus ist die von den wahlberechtigten deutschen Staatsangehörigen gewählte Volksvertretung. Es besteht aus 200 Abgeordneten. Sie werden in allgemeiner, gleicher, geheimer und direkter Wahl nach den Grundsätzen der Verhältniswahl auf die Dauer von vier Jahren gewählt.

Wahlberechtigt sind alle deutschen Staatsangehörigen, die am Tag der Wahl das 20. Lebensjahr vollendet und seit mindestens 6 Monaten ihren Wohnsitz in Berlin haben.

Wählbar sind alle Wahlberechtigten, die am Tage der Wahl das 25. Lebensjahr vollendet haben.

Das Abgeordnetenhaus kann durch $^2/_3$ Mehrheitsbeschluß oder durch Volksentscheid vor Ablauf der Wahlperiode aufgelöst werden.

Die Regierung

Die Regierung wird durch den Senat gebildet. Der Senat besteht aus dem Regierenden Bürgermeister, dem Bürgermeister als seinem Vertreter sowie höchstens 16 Senatoren.

Der Regierende Bürgermeister wird mit der Mehrheit der abgegebenen Stimmen vom Abgeordnetenhaus gewählt.

Die Wahl des Bürgermeisters und der Senatoren erfolgt auf Vorschlag des Regierenden Bürgermeisters durch das Abgeordnetenhaus.

Der Regierende Bürgermeister vertritt Berlin nach außen. Er führt den Vorsitz im Senat und bestimmt im Einvernehmen mit dem Senat die Regierungspolitik.

Die Gesetzgebung

Die für alle verbindlichen Gebote und Verbote müssen auf Gesetz beruhen.

Die Gesetzesvorlagen werden von dem Senat oder aus der Mitte des Abgeordnetenhauses oder durch Volksbegehren eingebracht.

Die Gesetzesvorlagen werden vom Abgeordnetenhaus mit einfacher Mehrheit beschlossen, soweit die Verfassung nichts anderes bestimmt.

Der Senat erläßt die zur Durchführung eines Gesetzes erforderlichen Rechtsverordnungen und Verwaltungsvorschriften.

Gesetze können auch vom Volke durch Volksbegehren und Volksentscheid unter Vorlegung eines Gesetzentwurfes selbst erlassen werden.

Die Verwaltung

Die Verwaltung ist im demokratischen und sozialen Geist nach der Verfassung und den Gesetzen zu führen. Die Bezirke sind von der Verwaltung nach den Grundsätzen der Selbstverwaltung zu beteiligen.

Der Senat stellt Grundsätze und Richtlinien für die Verwaltung auf und nimmt unmittelbar die Angelegenheiten wahr, die wegen ihrer übergeordneten Bedeutung oder wegen ihrer Eigenart einer einheitlichen Durchführung bedürfen.

Die Bezirke nehmen die sonstigen Angelegenheiten der Verwaltung wahr.

In jedem Bezirk wird eine Bezirksverordnetenversammlung und von dieser ein Bezirksamt gewählt.

Die Bezirksverordnetenversammlung besteht aus 45 Mitgliedern und wird nach den gleichen Grundsätzen und zur gleichen Zeit wie das Abgeordnetenhaus von den Wahlberechtigten des Bezirks gewählt.

Das Bezirksamt ist die Verwaltungsbehörde des Bezirks.

Alle Einstellungen, Versetzungen und Entlassungen im öffentlichen Dienst erfolgen durch den Senat. Für die Bezirke wird dieses Recht den Bezirksämtern übertragen.

Die Rechtspflege

Die richterliche Gewalt wird durch unabhängige, nur dem Gesetz unterworfene Gerichte im Namen des deutschen Volkes ausgeübt. Die Richter sind an die Gesetze gebunden.

Das Recht der Begnadigung übt der Senat nach Anhörung des von dem Abgeordnetenhaus gewählten Ausschusses für Gnadensachen aus.

Finanzwesen

Alle Einnahmen und Ausgaben müssen für jedes Rechnungsjahr in dem Haushaltsplan veranschlagt werden; er wird durch ein Gesetz festgestellt (Haushaltsgesetz). Dieses bildet die Grundlage für die Verwaltung aller Einnahmen und Ausgaben.

Über die Einnahmen und Ausgaben hat der Senat dem Abgeordnetenhaus im folgenden Rechnungsjahr Rechnung zu legen.

Ein bei der Durchführung seiner Aufgaben unabhängiger Rechnungshof hat die Rechnungslegung auf Grund des Haushaltsplanes und der Haushaltsführung zu prüfen und das Prüfungsergebnis alljährlich dem Abgeordnetenhaus vorzulegen.

Die Arbeitslosenversicherung in Berlin(West)

Grundlage

Gesetz zur vorläufigen Regelung der Arbeitslosenversicherung in Berlin vom 28. 12. 1950.

Organisation

Träger der Arbeitslosenversicherung ist das Land Berlin.

Die Durchführung obliegt dem Senat, Abteilung Arbeit. Ihm steht ein Beratungsausschuß zur Seite.

Umfang der Versicherung

Für den Fall der Arbeitslosigkeit ist versichert, wer als Arbeitnehmer für den Fall der Krankheit pflichtversichert ist, sofern er nicht nach den gesetzlichen Bestimmungen von der Versicherungspflicht ausgenommen ist.

Mit der Anmeldung zur Krankenversicherung gilt die Anmeldung zur Arbeitslosenversicherung als erfolgt.

Aufbringung der Mittel

Die Mittel für die Durchführung der Aufgaben der Arbeitslosenversicherung werden durch Beiträge der Arbeitgeber und der Arbeitnehmer aufgebracht.

Zur Zahlung der Beiträge sind die Versicherten und ihre Arbeitgeber verpflichtet. Versicherungspflichtige und ihre Arbeitgeber entrichten die Beiträge je zur Hälfte. Die Beiträge werden zusammen mit den Beiträgen zur Krankenversicherung entrichtet. Sie betragen 4% des für die Beitragsentrichtung zur Krankenversicherung maßgebenden Entgelts. Das regelmäßige jährliche Arbeitsentgelt ist nur bis zum Betrage von DM 4500,— zu berücksichtigen.

Versicherungsleistungen

Anspruch auf Arbeitslosenunterstützung hat, wer arbeitsfähig und arbeitswillig, aber unfreiwillig arbeitslos ist und in den letzten 12 Monaten vor der Arbeitslosmeldung mindestens 26 Wochen in einer arbeitslosenversicherungspflichtigen Beschäftigung gestanden hat.

Wer Krankengeld, Wochengeld oder eine Ersatzleistung empfängt, die an Stelle dieser Beträge tritt, erhält daneben keine Arbeitslosenunterstützung.

Berufsausbildung und Arbeitsverhältnisse Jugendlicher

Folgende Hauptbestimmungen aus dem unterm 4. 1. 1951 erlassenen Gesetz zur Regelung der Berufsausbildung sowie der Arbeitsverhältnisse Jugendlicher sind bemerkenswert:

Das Lehrverhältnis wird jetzt als Berufsausbildungsverhältnis bezeichnet.

Für die Ausbildung von Lehrlingen, Umschulern und Anlernlingen werden Ausbildungsordnungen erlassen.

Bei der Berufswahl können die Berufsberatungen unentgeltlich in Anspruch genommen werden.

Wer ausbilden will, muß die persönliche, fachtechnische und berufspädagogische Eignung aufweisen.

Die Berufsausbildung darf nur an geeigneten Ausbildungsstätten erfolgen.

Wer nicht selbst ausbildet, muß einen geeigneten Ausbilder bestellen.

Der Ausbildungsvertrag muß schriftlich abgeschlossen werden. Über seinen Inhalt können noch besondere Anordnungen erlassen werden.

Schulische Ausbildung und Ausbildungszeiten in einem gleichen oder verwandten Beruf sind in einem angemessenen Umfang auf die Ausbildungszeit anzurechnen.

Die Probezeit beträgt mindestens einen Monat und höchstens drei Monate.

Die Pflichten der Ausbildungsbeteiligten entsprechen im großen und ganzen denen, die bei der Besprechung des Lehrvertrages auf S. 12/13 bereits angeführt sind.

Leben, Gesundheit und sittliche Haltung der in Ausbildung Stehenden sind zu schützen.

Teilnahme an Veranstaltungen der Jugendförderung, Jugendbewegung, Gewerkschaft sowie an Gottesdiensten darf in der Freizeit nicht behindert werden. Fallen diese Veranstaltungen in die Arbeitszeit, ist den Jugendlichen zusätzlich bezahlter Urlaub bis zu 10 Arbeitstagen im Jahr zu gewähren.

Der in Ausbildung Stehende hat Anspruch auf angemessene Barvergütung, auch wenn er krank und arbeitsunfähig ist, sofern er nicht auf Kosten eines öffentlichen Versicherungsträgers untergebracht und verpflegt wird.

Das Berufsausbildungsverhältnis endet mit Ablauf der Ausbildungsdauer bzw. mit Ablegung der Abschlußprüfung. Es kann vorzeitig während der Probezeit oder bei Vorliegen eines wichtigen Grundes gekündigt werden.

Der in Ausbildung Stehende hat bei Beendigung des Berufsausbildungsverhältnisses Anspruch auf ein Zeugnis.

Für die Berufsausbildungsverhältnisse ist eine Rolle (Verzeichnis) anzulegen.

Die Berufsausbildung wird von Ausbildungsprüfern überwacht.

Für die gütliche Beilegung von Streitigkeiten aus Berufsausbildungsverhältnissen werden Gütestellen errichtet.

Zur Feststellung des Ausbildungsstandes, des Berufsausbildungsergebnisses und für sonstige Zwecke der Nachweisung beruflicher Fertigkeiten und Kenntnisse sind Berufsprüfungen durchzuführen (Zwischenprüfungen, Gesellenprüfungen, Meisterprüfungen).

Über die Zulassung zur Prüfung entscheidet der Prüfungsausschuß.

Die Durchführung der Prüfungen wird durch Prüfungsordnungen geregelt.

Beschwerden gegen Maßnahmen und Entscheidungen der Prüfungsausschüsse sind an den Beschwerdeausschuß der Abteilung Arbeit innerhalb von zwei Wochen einzureichen.

Der Prüfungsausschuß setzt sich aus mindestens drei sachverständigen Mitgliedern zusammen (Arbeitgeber oder Ausbilder, Arbeitnehmer, Berufsschullehrer).

Zur Abschlußprüfung werden diejenigen Personen zugelassen, die eine reguläre Berufsausbildung hinter sich haben oder die mindestens 21 Jahre alt sind, 5 Jahre in einem Lehr- oder Anlernberuf gearbeitet haben und den Besitz der erforderlichen theoretischen Kenntnisse glaubhaft machen. Eine Verkürzung der Berufsausbildungszeit ist bei überdurchschnittlichen Leistungen möglich.

Minderbemittelten Personen über 18 Jahren kann ein Unterhaltszuschuß bewilligt werden, wenn sie sonst nicht in der Lage sind, einen Beruf zu erlernen oder eine begonnene Berufsausbildung fortzusetzen.

An die ausbildenden Arbeitgeber kann eine Berufsausbildungshilfe in besonders gelagerten Fällen gezahlt werden. Die Mittel hierfür sind durch eine Berufsausbildungsabgabe der Arbeitgeber aufzubringen.

Lehrwerkstätten sind einzurichten und zu fördern.

Der Abteilung Arbeit ist in Fragen der Berufsausbildung ein Beirat zur Seite gegeben, der vor dem Erlaß von allgemeinen Anordnungen gehört werden soll.

Bei der Beschäftigung von Jugendlichen, die nicht in einem Berufsausbildungsverhältnis stehen, ist eine Arbeitsvertrag schriftlich abzuschließen. Auch die Kündigung hat schriftlich unter Angabe der Gründe zu erfolgen.

Die zuständigen Selbstverwaltungsorganisationen der Wirtschaft (Handwerks- und Gewerbekammer, Industrie- und Handelskammer) können ganz oder teilweise zur Durchführung bestimmter Augaben herangezogen werden.

Sachregister des Hauptteils

(Die Ziffern bedeuten die Seiten)

R

S

T

U

V

W

Z

Einnahmen

Seite 1

KA

Tag 1949	Text	Umsatz-steuer-pflich-tiger Betrag DM	₰	Buchungs-vermerk	Kasse DM	₰	Bank DM	₰	Postscheck DM	₰	Fertig-waren DM	₰	Rep.-Arbeit DM	₰	
Jan. 1.	Kasse-, Bank-, Postscheck-Anfangsbestand			Inv.	350	—	2500	—	100	—					2
Jan. 2.	Barabholung von Bank			T 1	300	—									
Jan. 4.	E. Glöckner zahlt bar abz. 2% Skonto (5,—)	245	—	T1 H1	245	—					245	—			
Jan. 15.	Diskontierung Wechsel Knabe (Spesen 4,—)	386	—	T 1 H 3			386	—			386	—			
Jan. 28.	Warenentnahme für eigenen Bedarf . .	12	—	T 1	12	—					12	—			
		643	—		907	—	2886	—	100	—	643	—			3
Jan. 31.	Kasse-, Bank-, Postscheck-Ausgaben . .				543	12	1908	80	—	—					
Jan. 31.	Kasse-, Bank-, Postscheck-Endbestand .				363	88	977	20	100	—					
Febr. 1.	Saldo-Vortrag				363	88	977	20	100	—					1

(Anlage I)

H

Ausgaben

Seite 1

Text	Buchungs-vermerk	Kasse		Bank		Post-scheck		Material und Waren		Lohn		Un-kosten		Privat-ent-nahmen				Ver-schie-denes	
		DM	₰	DM	₰	DM	₰	DM	₰	DM	₰	DM	₰	DM	₰	DM	₰	DM	₰
Miete (Geschäft 100,—, Wohnung 50,—)	T 1	150	—									100	—	50	—				
Privatentnahme	T 1	150	—											150	—				
Barabholung von Bank . . .	T 1			300	—													300	—
Nettolöhne	T 1	96	—							96	—								
Banküberw. an Krauß & Co. abz. 2% Skonto	T1 H6			401	80			401	80										
Bank zahlt an Einkaufsgen. .	T1 H7			1000	—			1000	—										
Nettolöhne	T 1	96	—							96	—								
Sozial-Vers.-Beiträge (Meister: 16,50)	T 1	39	—							22	50	16	50						
Bank überweist Lohnsteuer .	T 1			38	—					38	—								
Gewerbesteuer	T 1			57	—							57	—						
Einkommenst.	T 1			112	—									112	—				
Warenentnahme für eigenen Bedarf	T 1	12	—											12	—				
Kassenfehlbetrag	T 1	—	12									—	12						
		543	12	1908	80			1401	80	252	50	173	62	324	—			300	—

Tag	Name Ort, Gegenstand	Seite	Umsatzsteuer DM	Pf	Betrag DM	Pf	Kasse empfängt DM	Pf	Kasse gibt DM	Pf	Bank empfängt DM	Pf	Bank gibt DM	Pf	Postscheck empfängt DM	Pf	Postscheck gibt DM	Pf	empfän DM
Jan. 1.	Übertragung aus der Eröffnungsinventur	Inv.					350	—			2500	—			100	—			
2.	Miete bar bezahlt (Geschäft 100,—, Wohnung 50,—)				150	—			150	—									
	Privatentnahme				150	—			150	—									
	Barabholung von Bank				300	—	300	—					300	—					
3.	R. Schneider erhält Ware	Kk 2			635	—													635
	F. Krauß & Co. liefern Material	Kk 6			410	—													
4.	E. Glöckner zahlt bar abz. 2% Skonto (5,—)	Kk 1	245	—	250	—	245	—											
5.	Nettolöhne				96	—			96	—									
6.	E. Knabe sendet Wechsel per 15. 3. 49.	Kk 3/8			390	—													
7.	An M. Greubig Rechnung f. gel. Rep.-Arbeit ges.	Kk 4		—	175	—													175
9.	Banküberweisung an Krauß & Co. abz. 2% Skonto (8,20)	Kk 6			410	—							401	80					
	An Krauß & Co. Wechsel gesandt per 15. 3. 49	Kk 6/9			1750	—													
10.	Zahlung an Einkaufsgen. durch Bank	Kk 7			1000	—							1000	—					
12.	Nettolöhne				96	—			96	—									
15.	Diskontierung Wechsel Knabe (Spesen 4,—)	Kk 8	386	—	390	—					386	—							
16.	Einkaufsgen. erhält Wechsel von mir per 15. 2. 49	Kk 9/7			400	—													
20.	An R. Stolle Rechnung f. gel. Rep.-Arbeit gesandt	Kk 5			650	—													650
22.	Sozialversicherung bar bezahlt (Meister 16,50)				39	—			39	—									
25.	Bank überweist Lohnsteuer				38	—							38	—					
	Gewerbesteuer				57	—							57	—					
	Einkommensteuer				112	—							112	—					
28.	Warenentnahme f. eigenen Bedarf		12	—	12	—													
30.	Kassenfehlbetrag				—	12			—	12									
			643	—			895	—	531	12	2386	—	1908	80	100	—			1460
31.	Kasse-, Bank-, Postscheck-Ausgaben						531	12			1908	80							
Febr. 1.	Kasse-, Bank-, Postscheck-Bestand						363	88			977	20			100	—			

JAR 1949

…eranten			Material, Waren				Fertigwaren, Leistg.				Lohn				Unkosten, Skonto				Besitzwechsel				Schuldwechsel				Betriebseinrichtung				Privatentnahmen			
…t	gibt		empfängt		gibt		empfängt		gibt		empfängt		gibt		empfängt		gibt		empfängt		gibt		empfängt		gibt		empfängt		gibt		empfängt		gibt	
₰	DM	₰	DM	₰	DM	₰	DM	₰	DM	₰	DM	₰	DM	₰	DM	₰	DM	₰	DM	₰	DM	₰	DM	₰	DM	₰	DM	₰	DM	₰	DM	₰	DM	₰
															100	—															50	—		
																															150	—		
					635	—																												
	410	—	410	—																														
															5	—																		
											96	—																						
																			390	—														
									175	—																								
—																	8	20																
—																									1750	—								
—																																		
											96	—																						
															4	—					390	—												
—																									400	—								
									650	—																								
											22	50			16	50																		
											38	—																						
															57	—																		
																															112	—		
					12	—																									12	—		
															—	12																		
—	410	—	410	—	647	—			825	—	252	50			182	62	8	20	390	—	390	—			2150	—					324	—		

Tag	Name, Ort, Gegenstand	Seite	Umsatzsteuer		Betrag		Kasse				Bank				Postscheck				K	
							empfängt		gibt		empfängt		gibt		empfängt		gibt		empfän	
			DM	₰	DM	₰	DM	₰	DM	₰	DM	₰	DM	₰	DM	₰	DM	₰	DM	
2.	Miete bar bez. (Geschäft 100,—, Wohnung 50,—)				150	—			150	—										
	Privatentnahme				150	—			150	—										
	Barabholung von Bank				300	—	300	—					300	—						
3.	R. Schneider erhält Ware	Kk 2			635	—													635	-
	F. Krauß & Co. liefern Material	Kk 6			410	—														
4.	E. Glöckner zahlt bar abz. 2% Skonto (5,—)	Kk 1	245	—	250	—	245	—												
5.	Nettolöhne				96	—			96	—										
6.	E. Knabe sendet Wechsel per 15. 3. 49	Kk 3/8			390	—														
7.	An M. Greubig Rechnung f. gel. Rep.-Arb. gesandt	Kk 4			175	—													175	-
9.	Banküberweisung an Krauß & Co. abz. 2% Skonto (8,20)	Kk 6			410	—							401	80						
	An Krauß & Co. Wechsel gesandt per 15. 3. 49	Kk 6/9			1750	—														
10.	Zahlung an Einkaufsgen. durch Bank	Kk 7			1000	—							1000	—						
12.	Nettolöhne				96	—			96	—										
15.	Diskontierung Wechsel Knabe (Spesen 4,—)	Kk 8	386	—	390	—					386	—								
16.	Einkaufsgen. erhält Wechsel von mir per 15. 2. 49	Kk 9/7			400	—														
20.	An R. Stolle Rechnung f. gel. Rep.-Arb. gesandt	Kk 5			650	—													650	-
22.	Sozialversicherung bar bezahlt (Meister 16,50)				39	—			39	—										
25.	Bank überweist Lohnsteuer				38	—							38	—						
	Gewerbesteuer				57	—							57	—						
	Einkommensteuer				112	—							112	—						
28.	Warenentnahme für eigenen Bedarf		12	—	12	—														
30.	Kassenfehlbetrag				—	12			—	12										
			643	—			545	—	531	12	386	—	1908	80					1460	-

…JAR 1949

…ranten	Material, Waren		Fertigwaren, Leistg.		Lohn		Unkosten, Skonto		Besitzwechsel		Schuldwechsel		Betriebseinrichtung		Privatentnahmen	
gibt	empfängt	gibt	empfängt	gibt	empfängt	gibt	empfängt	gibt	empfängt	gibt	empfängt	gibt	empfängt	gibt	empfängt	gibt
DM ₰	DM ₰	DM ₰	DM ₰	DM ₰	DM ₰	DM ₰	DM ₰	DM ₰	DM ₰	DM ₰	DM ₰	DM ₰	DM ₰	DM ₰	DM ₰	DM ₰
							100 —								50 —	
															150 —	
		635 —														
410 —	410 —															
							5 —									
					96 —											
									390 —							
				175 —												
								8 20								
												1750 —				
					96											
							4 —			390 —						
												400 —				
				650 —												
					22 50		16 50									
					38 —											
							57 —									
															112 —	
		12 —													12 —	
							— 12									
410 —	410 —	647 —		825 —	252 50		182 62	8 20	390 —	390 —		2150 —			324 —	

A

Tag	Name, Ort, Gegenstand	Seite	Umsatzsteuer	Betrag	Kassen-Konto empfängt DM	Pf	Kassen-Konto gibt DM	Pf	Bank-Konto empfängt DM	Pf	Bank-Konto gibt DM	Pf	Postscheck-Konto empfängt DM	Pf	Postscheck-Konto gibt DM	Pf	Kunden-Konto empfängt DM	Pf	Kunden-Konto gibt DM	Pf
A.	Eröffnungsinventur: Aktiva				350	—			2500	—			100	—			820	—		
	Passiva																			
	Januar				545	—	531	12	386	—	1908	80					1460	—	640	—
					895	—	531	12	2886	—	1908	80	100	—			2280	—	640	—
	Bestände lt. Inventur						363	88			977	20			100	—			1640	—
	Erfolge (Gewinne oder Verluste)																			
					895	—	895	—	2886	—	2886	—	100	—	100	—	2280	—	2280	—
B.	Eröffnungsinventur: Aktiva				350	—			2500	—			100	—			820	—		
	Passiva																			
	Januar				545	—	531	12	386	—	1908	80					1460	—	640	—
	Kapitalkonto empfängt von Privat-Konto																			
					895	—	531	12	2886	—	1908	80	100	—			2280	—	640	—
	Bestände lt. Inventur						363	88			977	20			100	—			1640	—
	Erfolge (Gewinne oder Verluste)																			
					895	—	895	—	2886	—	2886	—	100	—	100	—	2280	—	2280	—
C.	Eröffnungsinventur: Aktiva				350	—			2500	—			100	—			820	—		
	Passiva																			
	Januar				545	—	531	12	386	—	1908	80					1460	—	640	—
					895	—	531	12	2886	—	1908	80	100	—			2280	—	640	—
	Bestände lt. Inventur						363	88			977	20			100	—			1640	—
	Erfolge (Gewinne oder Verluste)																			
					895	—	895	—	2886	—	2886	—	100	—	100	—	2280	—	2280	—

(Anlage IV)

TABELLE

Material- und Warenkonto				Fertigwaren- und Leistungs-Konto				Lohn-Konto				Unkosten-Konto				Besitzwechsel-Konto				Schuldwechsel-Konto				Betriebs-einrichtungs-Konto				Privat-Konto				Kapital-Konto			
empfängt		gibt		empfängt		gibt		empfängt		gibt		empfängt		gibt		empfängt		gibt		empfängt		gibt		empfängt		gibt		empfängt		gibt		empfängt		gibt	
DM	Pf	DM	Pf	DM	Pf	DM	Pf	DM	Pf	DM	Pf	DM	Pf	DM	Pf	DM	Pf	DM	Pf	DM	Pf	DM	Pf	DM	Pf	DM	Pf	DM	Pf	DM	Pf	DM	Pf	DM	Pf
2450	—			1610	—																			8750	—									16580	—
																																4200	—		
410	—	647	—			825	—	252	50			182	62	8	20	390	—	390	—			2150	—					324	—						
2860	—	647	—	1610	—	825	—	252	50			182	62	8	20	390	—	390	—			2150	—	8750	—			324	—			4200	—	16580	—
		2680	—			1510	—													2150	—					8587	50					12380	—		
467	—			725	—					252	50			174	42											162	50			324	—	16580	—	16580	—
3327	—	3327	—	2335	—	2335	—	252	50	252	50	182	62	182	62	390	—	390	—	2150	—	2150	—	8750	—	8750	—	324	—	324	—				
2450	—			1610	—																			8750	—									16580	—
																																4200	—		
410	—	647	—			825	—	252	50			182	62	8	20	390	—	390	—			2150	—					324	—						
																														324	—	324	—		
2860	—	647	—	1610	—	825	—	252	50			182	62	8	20	390	—	390	—			2150	—	8750	—			324	—	324	—	4524	—	16580	—
		2680	—			1510	—													2150	—					8587	50					12056	—		
467	—			725	—					252	50			174	42											162	50					16580	—	16580	—
3327	—	3327	—	2335	—	2335	—	252	50	252	50	182	62	182	62	390	—	390	—	2150	—	2150	—	8750	—	8750	—	324	—	324	—				
2450	—			1610	—																			8750										16580	—
																																4200	—		
410	—	647	—			825	—	252	50			182	62	8	20	390	—	390	—			2150	—					324	—						
2860	—	647	—	610	—	825	—	252	50			182	62	8	20	390	—	390	—			2150	—	8750	—			324	—			4200	—	16580	—
		2680	—			1510	—													2150	—					8587	50			324	—	12880	—		
467	—			725	—					252	50			174	42											162	50					16580	—	16580	—
3327	—	3327	—	2335	—	2335	—	252	50	252	50	182	62	182	62	390	—	390	—	2150	—	2150		8750	—	8750	—	324	—	324	—				

JAHRES

Tag	Name, Ort, Gegenstand	Seite	Umsatzsteuer	Betrag	Kassen-Konto				Bank-Konto				Postscheck-Konto				Kunden-Konto			
					empfängt		gibt		empfängt		gibt		empfängt		gibt		empfängt		gibt	
					DM	Pf	DM	Pf	DM	Pf	DM	Pf	DM	Pf	DM	Pf	DM	Pf	DM	Pf
	Eröffnungsinventur: Aktiva				350	—			2500	—			100	—			820	—		
	Passiva																			
31.	Januar			fingierte Zahlen	545	—	531	12	386	—	1908	80	—	—	—	—	1460	—	640	—
28.	Februar				962	—	712	50	3180	—	2390	10	240	—	140	—	1612	—	1250	—
31.	März				1219	20	987	50	6450	—	1500	—	—	—	—	—	8540	—	8220	—
30.	April				1420	10	1114	10	780	—	3023	69	1280	—	1200	—	7614	20	6140	[illegible]
31.	Mai				1115	11	1079	10	2415	10	2198	51	108	—	100	—	2416	—	1809	[illegible]
30.	Juni				937	14	632	61	5129	11	1078	10	—	—	200	—	3177	14	3207	[illegible]
31.	Juli				645	—	312	80	486	—	1838	40	—	—	—	—	1560	—	676	[illegible]
31.	August				986	10	917	10	1726	35	1510	—	217	—	300	—	2937	80	4243	[illegible]
30.	September				1110	10	1091	70	4632	09	3978	50	—	—	—	—	5236	—	6342	—
31.	Oktober				652	—	1198	—	1632	12	3654	—	400	—	300	—	3928	—	2950	—
30.	November				845	30	428	10	1918	12	1576	50	—	—	—	—	2128	50	1934	[illegible]
31.	Dezember				622	10	1980	52	1413	15	5991	44	—	—	—	—	2810	05	1413	[illegible]
					11409	15	10985	15	32648	04	30648	04	2345	—	2240	—	44239	69	38826	[illegible]
	Bestände lt. Inventur						424	—			2000	—			105	—			5412	[illegible]
	Erfolge (Gewinne oder Verluste)																			
					11409	15	11409	15	32648	04	32648	04	2345	—	2345	—	44239	69	44239	[illegible]

	Material- und Warenkonto				Fertigwaren- und Leistungs-Konto				Lohn-Konto				Unkosten-Konto				Besitzwechsel-Konto				Schuldwechsel-Konto				Betriebseinrichtungs-Konto				Privat-Konto				Kapital-Konto			
	empfängt		gibt		empfängt		gibt		empfängt		gibt		empfängt		gibt		empfängt		gibt		empfängt		gibt		empfängt		gibt		empfängt		gibt		empfängt		gibt	
₰	DM	₰	DM	₰	DM	₰	DM	₰	DM	₰	DM	₰	DM	₰	DM	₰	DM	₰	DM	₰	DM	₰	DM	₰	DM	₰	DM	₰	DM	₰	DM	₰	DM	₰	DM	₰
	2450	—			1610	—																			8750	—									16 580	—
—																																	4200	—		
—	410	—	647	—	—	—	825	—	252	50	—	—	182	62	8	20	390	—	390	—	—	—	2150	—	—	—	—	—	324	—	—	—				
—	620	—	870	—	—	—	813	40	252	50	—	—	279	50	—	—	400	—	400	—	—	—	2150	—	—	—	—	—	400	—	—	—				
0	4501	—	6211	—	3110	—	4009	80	391	80	—	—	714	20	—	—	110	—	—	—	—	—	—	—	—	—	—	—	450	—	—	—				
—	1850	—	2719	20	2986	50	4128	—	412	19	—	—	1280	—	—	—	486	—	486	—	2150	—	—	—	—	—	—	—	590	—	—	—				
—	2150	—	3284	90	1850	—	1910	—	570	—	—	—	960	—	—	—	—	—	—	—	—	—	1000	—	—	—	—	—	510	—	—	—				
9	1913	—	3215	—	2321	12	4627	—	612	38	—	—	721	10	—	—	—	—	—	—	—	—	1718	90	—	—	—	—	—	—	33	—				
—	510	—	836	—	—	—	925	—	310	—	—	—	211	—	—	—	215	—	—	—	—	—	1600	—	—	—	—	—	1160	—	—	—				
—	926	—	1816	—	3687	—	4296	—	687	50	—	—	934	—	—	—	638	—	638	—	1000	—	—	—	—	—	—	—	576	—	—	—				
34	4001	15	6234	—	1126	50	2176	—	876	—	—	—	1136	80	—	—	950	—	—	—	1718	90	—	—	—	—	—	—	750	—	—	—				
0	2198	50	4211	—	1338	10	1589	43	679	12	—	—	1128	09	—	—	—	—	—	—	1600	—	—	—	—	—	—	—	650	—	—	—				
1	814	20	3134	20	1196	45	1876	35	634	10	—	—	678	11	—	—	—	—	—	—	—	—	—	—	—	—	—	—	615	—	—	—				
7	3872	10	1132	12	1211	23	976	80	932	12	—	—	1019	11	—	—	—	—	—	—	2150	—	3050	—	—	—	—	—	1416	—	—	—				
1	26 215	95	34 310	42	20 386	90	28 152	78	6610	21			9244	62	8	20	3189	—	1914	—	8618	90	11 668	90	8750	—			7441	—	33	—	4200	—	16 580	—
			2635	20			6982	—											1275	—	3050	—					7690	—					12 380	—		
	10 729	67			14 747	88					6610	21			9236	42											1060	—			7408	—				
1	36 945	62	36 945	62	35 134	78	35 134	78	6610	21	6610	21	9244	62	9244	62	3189	—	3189	—	11 668	90	11 668	90	8750	—	8750	—	7441	—	7441	—	16 580	—	16 580	—

GEMEINKOSTEN

	Monat	Gesamt-betrag	Materialbedingte Kosten: Einkaufs-spesen (Fracht, Versichrg. Verpackg.)	Materialbedingte Kosten: Hilfsstoffe Schwund	Materialbedingte Kosten: Spesen f. Lager-raum (Miete, Licht)	Lohnbeding…: Soziale Kosten	Lohnbeding…: Werkstatt-miete
	Januar						
	Februar						
	März						
	April						
	Mai						
	Juni						
	Juli						
	August						
	September						
	Oktober						
	November.						
	Dezember						
	Summe . . .						
+	Abschreibungen*)						
+	unprod. Meisterlohn**) . .						
+	unprod. Lohn für Familien-Angeh.**)						
+	Zinsen für Eigen-kapital***)						
=	Gesamt-Gemeinkosten . .						
	Zusammenstellung: (Quersumme der einzelnen Spalten)						
	Materialbedingte Kosten .						
+	Lohnbedingte Kosten . .						
+	Betriebsbedingte Kosten .						
=	Gesamt-Gemeinkosten . .						

*) Abschreibungen werden anteilig auf alle drei Untergruppen verteilt.
**) Unproduktive Löhne kommen auf lohnbedingte Gemeinkosten.
***) Zinsen für Eigenkapital kommen auf betriebsbedingte Gemeinkosten.

(Anlage VI)

LUNG JAHR

…nprod. Löhne	Betriebsbedingte Kosten								
	Büro-miete	Porto	Gehälter	Telefon	Reklame	Steuer	Fuhrpark Betriebs-einrich-tung	Licht Heizung	Son-stiges

FSC
www.fsc.org
MIX
Papier | Fördert gute Waldnutzung
FSC® C083411

Zeitfracht Medien GmbH
Ferdinand-Jühlke-Straße 7
99095 Erfurt, Deutschland
produktsicherheit@kolibri360.de